全方位激活大脑潜能

小枝 　著

高效记忆

让记忆和学习变得轻而易举的秘诀

中国華僑出版社

·北京·

良好的记忆是获取成功的基石之一，也是许多人登上事业顶峰不可或缺的重要因素。记忆力的好坏，往往是学业、事业成功与否的关键。在历史上，许多杰出人物都有着超凡的记忆力。古罗马的恺撒大帝能记住每一个士兵的面孔和姓名，亚里士多德能把看过的书几乎一字不差地背诵出来，马克思能整段整段地背诵歌德、但丁、莎士比亚等大师的作品。

如今，我们生活在一个信息爆炸的时代，每时每刻都有大量新技术知识和信息问世，而其中的一些知识和信息是我们不得不了解甚至要记住的。然而我们每个人都会遭遇遗忘的问题：写作时提笔忘字；演讲时张口忘词；面对无数英语单词、计算公式总也记不住；走出家门后突然想起煤气没关；到银行取钱却发现密码记不起来；把合作谈判的重要会议忘在脑后……

为什么学习那么用功却总也记不住？为什么电话号码、重要纪念日记了又忘？为什么看到一张十分熟悉的面孔却想不起名字？为什么连重要的谈判会议都能忘词？你是否对自己的记忆力抱怨不已？你的记忆潜能还有多少没有被挖掘出来？你是否想拥有超级记忆力，成为读书高手、考试强将、职场达人？

研究表明，人脑潜在的记忆能力是惊人的和超乎想象的，只要掌握了科学的记忆规律和方法，每个人的记忆力都可以提高。记忆力得到提高，我们的学习能力、工作能力、生活能力也将随之提高，甚至可以改变我们的个人命运。

本书是迅速改善和提高记忆力的实用指南，囊括了古今中外应用最广泛、最高效的超级记忆术。书中对记忆的复杂机制、影响记忆力的因素、提高记忆力的方法等诸多问题进行了深入探讨，并且介绍了多种有利于提高记忆效率的"绝招秘籍"，不仅告诉你如何记忆名字、数字、日期，还有专业术语、文章等，并辟有专门的章节告诉你如何学习新语言，能快速开发你的记忆潜能，让你的学习更轻松。这里有理论，更有大量的研究案例；有历史性的回顾，更有前瞻性的展望；有实用的方法，更有哲人的启示，期望你能够在阅读中不断挖掘，进而拥有用之不竭的记忆资本。

目录
contents

第四章
CHAPTER 4

开发记忆潜能，创造天才记忆

第五章
CHAPTER 5

左右脑开发，拥有超级记忆力

思维是激发记忆潜能的魔法　　//109

左右脑并用创造记忆的神奇效果　　//116

第八章
CHAPTER 8

不同对象的专项记忆，想记什么记什么

第一章

探索记忆奥秘，成为记忆天才

记忆与大脑

记忆是什么

　　王太太是一家玩具商店的店员，也是一位精力充沛的女士，她有一个安排得满满当当的时间表。她工作做得很好，也从不错过儿子的任何一场足球比赛。最近，她非常吃惊，当她在一场足球比赛上偶然遇到一个熟人时，她竟然叫不出对方的名字。一周之后，王太太走出购物中心时，她竟不记得将自己的车停在了哪里。在此之后的一个月，她发现已经想不起来自己正在读的一本小说中的人物角色。后来，她完全忘记了和一位好朋友约好共进午餐的事。这种恼人的健忘让王太太忧心不已。

　　李先生是一位工程师，他退休后就把自己的全部时间用于志愿者工作。最近，他不记得上个月是否给自己的汽车换了油，或者刚想起来要去换油。他忘记了要去健身房的事，直到走过几条街后才想起来。他把房门钥匙藏在车库，但又想不起来放在了哪里。李先生找他的医生检查，看看自己的健忘是不是因为得了什么病。

　　你或你的朋友也许会有与王太太和李先生相似的经历，你也许已注意到了自己的记忆问题。各种年龄段的人都抱怨自己记不住东西。

1

这是我们经常听到的一些抱怨（应该承认我们自己也经常说这些话）。

· 我进了一个房间，却不知道要来干什么。

· 我想不起来要问医生什么。

· 我忘记了我是不是已经吃过药。

· 我曾经把我的项链收好了，却不记得放在哪里。

· 我必须要交纳一笔附加费，因为我没有按时交电费。

· 我忘记在旅行时带上我的照相机。

· 我去商店买牛奶，结果什么都买了，最后就是忘了买牛奶。

· 我忘了我姐姐（妹妹）的生日。

如果你曾经有过任何一次这种经历，就应该尝试采取有效措施或训练来提高或改善自己的记忆力。首先，就需要了解一下记忆力是什么，以及记忆力是如何工作的。

记忆为我们提供历史信息。它告诉我们昨天以及十年前我们干了什么。童年的记忆可能会因为听到一首摇篮曲而被唤起，而一段浪漫的回忆在我们闻到某种特殊的花香时会浮现在脑海。记忆用各种各样的线索让我们感觉到我们是谁。

事实上，从一个时刻到另一个时刻，你对所有东西都有一个不变的定义，且可以持续很长时间。就好像你会记得昨晚睡在你身边的那个人就是你早上醒来看到的这个人。

我们能够记住一个人，一个地方，一件东西，或者一件事。设想如

记忆和智力

智力并不完全是遗传的，其遗传因素仅占很小的一部分。聪明到底意味着什么？IQ（智力商数）测试是评估智力的，但是我们也不能太过相信这种测试的分数。更重要的是在个人能力和所处环境之间找到平衡。良好的记忆力、平衡的心态、敏锐的判断力、良好的知识储备，这些重要的素质并不能通过IQ测试来评估。

果我们失去了这一能力，那么世界将会变成什么样？

随着年龄的增长，我们积累越来越多的阅历，它非常珍贵。有了它，我们可以不必绞尽脑汁去想如何解决问题或者揣测接下来将会发生什么。

经验会告诉我们，我们已经碰到过很多次这样的问题，并且知道事态将如何发展。当我们小的时候，我们常常认为成年人有魔法，能够预知电视剧情节。我们不知道，他们已经看过许多相似的电视节目。这些节目情节并不能迷惑他们。

由于积累了很多经验，年长的人总不如年轻人的思维来得敏锐、快速。年长的人思考得很慢，但是通常他们不用深入地去思考问题，因为经验就已经告诉他们有可能的答案。年轻人碰到问题时能够学得更多，他们会归类没有遇到过的问题。

记忆就像你的一个小帮手，它会帮助你找到车钥匙。但是，仔细想想，它的作用远远大于这些。

记忆是个性化的

梦想、思想、行动、姓名、地点、面孔、香味、事实、感情、味道，以及许许多多的东西通过记忆使我们产生意识。它们对于我们的记忆来说有着不同的形态。有时，记忆不是这种形态就是那种形态；而有时它是一个香味、花纹和声音组成的万花筒。一句话，记忆就如同一张由声音、香味、味道、触觉和视觉组成的网。

当你想要进行信息回忆时，记忆会通过联系走捷径来帮助完成记忆任务。然而，许多研究显示，正是你个人的知识、经历，以及一些事情对你的意义在驱动你的记忆。正是在它的帮助下，记忆有了一定的意义。

"生存还是毁灭，这是一个问题。"大多数人知道这句话来自莎士比亚的《哈姆雷特》。如果你熟悉这个故事，就知道这句话是在一个特定的时刻说的。然而，这句话与你的孩子们第一次说的话或者你的配偶第一

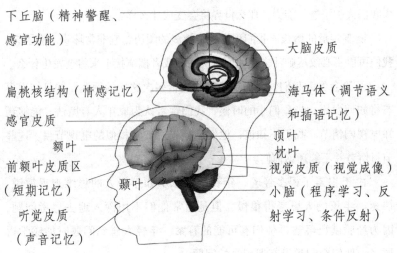

下丘脑（精神警醒、感官功能）

大脑皮质

扁桃核结构（情感记忆）

海马体（调节语义和插语记忆）

感官皮质

额叶

顶叶

枕叶

前额叶皮质区（短期记忆）

视觉皮质（视觉成像）

颞叶

小脑（程序学习、反射学习、条件反射）

听觉皮质（声音记忆）

★ 一段经历的点点滴滴储存在大脑的不同功能区域中。比如，一件事如何发生储存在视觉皮质，事件的声音储存在听觉皮质。记忆的这两个方面还互相联系。

次表示他或她爱你相比，就不是那么重要了。你可以想象一个比莎士比亚作品更戏剧化的场景，因为它是你的。那个地点、那种香水、你的那种感受——当你记起它时，可能产生一种朦胧感而且心潮汹涌。

记忆是我们拥有的最个性化的东西。它给予我们自我感觉。在记忆深处，就是你自己。记忆的运作很大程度上遵循的原则是："它现在或是将来某个时刻是否会与我个人有关？"这种更高层次的记忆就是有时我们所称的有意识感觉。

记忆是分散的

与一个长久以来的看法相反的是，记忆并不是只储存在大脑的一个区域。大脑是通过神经细胞的网络结构来处理和储存各种信息的，而神经细胞的网络结构广泛分布于大脑的各个区域。一旦有一条信息需要被提交给记忆系统，无数条连接脑细胞的网线就会被同时激活，也就是说，大脑的绝大部分结构和记忆的加工、存储有密切关系。

因此所谓"记忆中心"的说法是错误的。任何信息的记忆和再现都要依靠许多不同的记忆系统以及不同类型的感觉通道（听觉、视觉等）。据此推论，记忆只储存在大脑的一个区域的说法也就无法立足。可以说，记忆是"分散的"，不同种类的记忆各自依靠大脑的不同区域。

随着科学实验的深入以及脑电图技术的进步，目前科学家已逐步发现参与记忆的加工存储过程的那些大脑区域。概括来说包括瞬时记忆或短时记忆的加工需要大脑皮质的神经系统；语义记忆需要新大脑皮质对覆盖在灰质外层的两个大脑半球进行调节来完成加工；行为记忆的加工过程涉及位于灰质层之下的结构，比如说，小脑和锯齿状的灰物质块，等等；情景记忆主要依赖额叶皮质，还有海马状突起以及丘脑，这些结构都是大脑边缘系统的组成部分。

神经生物学家通过研究发现，海马状突起在记忆的加工处理过程中起着至关重要的作用。它位于大脑的里层，属于大脑边缘系统，和太阳穴叶平齐，因此它可以保证不同的大脑区域之间相互联系。短时记忆向长时记忆转换时，也就是记忆的巩固强化阶段，需要大脑不同区域的参

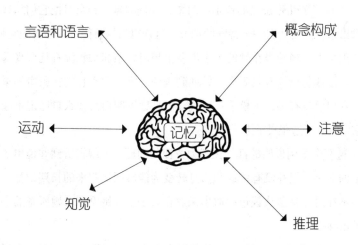

言语和语言　　　　概念构成

运动　　　记忆　　　注意

知觉

推理

★ 与记忆有关的几种活动类型

与，这一过程中，海马状突起发挥了关键作用。如果一个人的海马状突起受损，将会导致记忆新信息的能力完全丧失，无论是文字、形象还是图片信息。

彻底活用增强记忆力的各种要素

注意力问题

注意力不够

如果你真想记住某些东西，那么给予足够的注意力是第一步。在下面的例子中，就是由于注意力不够而影响到了新信息的编译。

实例

古编辑住的公寓楼来了一位新住户——商学良女士。一天，商女士在邮筒处遇到了古编辑，并向他介绍了自己。古编辑就叫商女士的名字向她问候并开始友好的交谈。几分钟后，另外一位住户加入他们的谈话时，古编辑却发现自己已经想不起来商女士的名字了。

拉拉买了几张昂贵的音乐会门票，并提醒自己到家时把它们从钱包里拿出来，然后放在一个特殊的地方，这样以后她就能很容易找到它们。第二天早上，当她坐在她的车里准备上班时，想起来她没有把票妥善放好，她在钱包里没有找到票。她回到她的公寓，发现它们在厨房的桌子上。发现票没有丢，她松了一口气，但是她不明白为什么自己记不起来把它们放了在这张桌子上。

这两个事例说明的都是注意力方面的问题。古编辑听到并说出了商女士的名字，但并没有将这些信息转变为能够回忆起来的长期记忆。拉拉心不在焉地将票从钱包中取出来放在桌子上，她没有对她所做的事情给予足够的关注。

对一些细节给予足够的关注能避免遗忘。问问你自己："对我来说什么时候专注是真正重要的？”在这些时候，将工夫放在你对事情的了解上或手边的信息上。

分散注意力的事物

另一个在注意力方面有可能发生的问题就是有分散注意力的事物的存在。因为可以保存在你工作记忆中的信息量是非常有限的，任何声音、景象或想法都可能会分散你的注意力，并替代当前存在于你工作记忆中的信息。你一定有过下面的这些经历。

测试你对数字的短期记忆

一个接一个地大声读出下面的数字，以每秒一个数字的速度进行。

一旦熟悉了一个序列，你需要按正确的顺序重复出来，然后继续下面的序列。

当无法毫无错误地重复出两个长度相同的序列时，就达到了你短期记忆的极限。

3位数字	3	7	1						
	2	6	9						
4位数字	5	3	7	6					
	9	5	2	6					
5位数字	3	1	4	7	5				
	8	5	3	6	2				
6位数字	1	4	2	7	5	9			
	9	5	1	3	2	7			
7位数字	2	5	1	9	7	4	3		
	7	2	9	5	8	1	4		
8位数字	4	3	7	1	8	2	5	9	
	6	1	4	9	5	2	8	3	
9位数字	5	9	3	8	1	7	2	0	6
	7	4	8	1	9	0	3	6	2

★ 多项研究表明，短期记忆的平均极限是7个元素。

実例

你进入厨房想去取剪刀，却忘记了你去干什么。或许，在你去的路上，你在想着信件是否到了。这一个新想法代替了你从厨房拿剪刀的想法。

由于你始终想着要在药店关门之前拿到你的药方，因此，你或许就会将你的伞忘在医生的办公室里。

你正和一位朋友驱车去电影院。他的谈话将你的注意力从注意你们所在的确切位置引开，你忘记了进入左转道，发现时已经太迟了。

不要认为你对这些受挫经历无计可施，尽量认识到工作记忆的局限性，并在可能的时候排除分散注意力的事物。把你的注意力完全集中在可能会发生危险的情况（如开车、做饭和吃药）上尤为重要。例如，当你在一个不熟悉的地方开车，你或许就想让你的乘客在到达之前不要说话。

年龄和记忆

年龄与记忆的关系

在西方，人们都认为随着年龄的增长记忆会衰退。莎士比亚有这样一段话诠释了人的一生。

"全世界是一个舞台，所有的男男女女都不过是一些演员，他们都有下场的时候，也都有上场的时候。一个人在一生中扮演着好几个角色，他的表演可以分为七个时期。第一个时期是婴孩，在保姆的怀中啼哭和呕吐。第二个时期是背着书包、满脸红光的学童，像蜗牛一样慢腾腾地拖着脚步，不情愿地呜咽着上学堂。第三个时期是情人，像炉灶一样叹着气，写了一首悲哀的诗歌咏他恋人的眉毛。第四个时期是一个军人，满口发着古怪的誓言，胡须长得像豹子一样，爱惜名誉，动不动就要打架，在炮口上寻求着泡沫一样的荣名。第五个时期是法官，胖胖圆圆的肚子塞满了阉鸡，凛然的眼光，整洁的胡须，满嘴都是格言和老生常谈。第六个时期变成了精瘦的穿着拖鞋的老叟，鼻子上架着眼镜，腰边悬着钱袋；他那年轻时候节省下来的长袜子套在他皱瘪的小腿上显得宽大异常；他那琅琅的男子的声音又变成了孩子似的尖声，像是吹着风笛和哨子。终结了这段古怪的最后一场，是孩提时代的再现，全然的遗忘，没有牙齿，没有眼睛，没有口味，没有一切。"

我们要感谢他的陈述，但不是观点。东方人的观点正好相反。老年人因为阅历和智慧的增长，受到人们的尊敬和爱戴。正是这个原因，人们愿意做受别人崇拜的事，很多老年人生活得非常积极，在有生之年仍然和同事共同奋战。

在西方，人们有这样一个观点，新的一代不能以父母的方式变老。这一部分是思想态度的问题，一部分是医学发达造成的。它是指，如果你不想失去记忆，你就可以做到。而事实并非如此。随着年龄的变化的增长，我们的永久记忆也许会得到提高，但是我们的短暂记忆却大不如前。

记忆会随着年龄而变化，这主要取决于大脑发育的不同阶段。大脑中最后发育完全的区域（前叶）却是最先随着年龄的变化开始退化的部分。

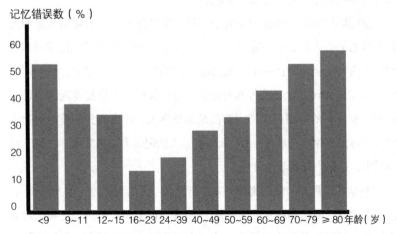

★ 年龄（横向）与记忆（纵向）关系图

9

下图是一张典型的记忆与年龄周期变化曲线图。柱形图表示记忆测试中的错误数。可以看出，小于 9 岁的小孩子和大于等于 80 岁的老年人的记忆错误数大致相同。我们的记忆在 16 ~ 23 岁处于巅峰状态，然后就开始逐步退化。

大多数人会注意到他们的记忆随着年龄增长而发生的变化。随着身体状况开始下降，我们的大脑状态也开始下降，这是很自然的，而这对我们的短时记忆有影响。人最先开始退化的是大脑中的前叶部分。听力和视力的衰退会影响记忆功能。

有观点认为，老年人退休后如果通过做十字填字游戏、猜谜、参加读书俱乐部等来锻炼大脑，就可以防止记忆迅速退化。

老年人的记忆力

将近 25% 的老年人与其年轻时的记忆相比没什么变化；5% 的老年人会在 90 岁时达到其记忆力的顶峰，就像 20 世纪英国哲学家伯特兰德·拉塞尔那样。剩下 70% 的老年人的记忆力会有一些变化，其中 10% ~ 20% 的老年人会得一种叫作老龄联想记忆损伤或轻微认知损伤的病。这样，当我们日渐变老、时间感知力迟钝时，大多数人可能不得不面对与年纪变化相应的记忆力变化。

20 世纪 70 年代所做的研究中，科学家发现了不勤于使用大脑的人比正常衰老的人的记忆力还要差。换句话说，一个 70 岁的坚持学习和研究的老人的记忆力要比一个不重视智力训练的 40 岁的人更好。研究还显示，学校教育和上学习班等都对记忆力有积极作用。研究发现，通过坚持阅读和研究的习惯而保持大脑活跃的成年人，能比那些不爱动脑的成年人更好地记住一些事情。16 ~ 23 岁，人的记忆力达到高峰，在剩下的岁月中，记忆力开始渐渐衰减。

科学家马里昂·佩尔姆特一直在研究老年人的记忆力，他发现 60 岁或以上的人，回忆和认知能力比他们 20 多岁时要差；但是记忆和认知事实效果又好于比他们更老的人。这一发现能更有力地证明年龄与记忆联系的重要性。一个健康的成年人，能以惊人的有效方式适应自己的环境：如果我们被强烈命令记忆，我们会找到记忆的方式。只不过一些记忆类型可能更受老年人的影响。例如，你的祖母在她90岁的时候，还能记得家里为庆祝每一次重要事件而举行庆祝会的具体日期，但是，她却经常忘记关掉家用电器的电源。记住名字和脸孔的能力——被称作多任务（同时做好几件事情）的能力衰弱，在暮年是很正常的事。例如，正当你在准备用砂锅炖肉时，一个电话铃声响了，当你接完电话回来，你已忘了你是不是添加了作料。但是可喜的是，只要你能理解且能联系在这本书里列举的各种类型的记忆术，在任何年龄段，你的记忆力都能得到提高。

情绪和记忆

记忆，像一个独立的个体，是一件复杂的事情。记忆是否能很好地发挥作用取决于相互联系的、同等重要的三种因素——生理方面、心理方面以及环境方面。这些因素中任何一方面的任何一个问题，哪怕是很微小的问题，也会不可避免地影响到其他两方面，因此也会影响到记忆本身。

情绪低落是记忆出问题的一个重要原因，无论是摄入新的知识还是回忆已有的信息，即使是相对轻微的情绪低落也可能导致心理状态差。例如，受到挫折、感到担忧，或者可能专注于伤心或消极的想法，都能严重影响人的专心程度和记忆力。情绪低落还会导致大脑中有关情绪和记忆的特定化学系统的变化，如血清素（5-羟色胺）。

情绪对记忆的影响是被广泛承认的，因为沮丧而缺少兴趣和注意力是引起记忆困难的主要原因。对记忆和回忆投入的努力，取决于你对事情感兴趣的程度以及你当时的心情。你的大脑可以过滤出一些和你的情绪相一致的因素，所以如果你很悲伤，那么一些负面的记忆就很容易进入你的脑海，而且你也更容易记起一些令人沮丧的事情。相反，如果你心情愉快，你的记忆更容易储存和回忆一些积极的事。

情绪怎样影响记忆力

研究表明，一切记忆力的表现，无论好或不好都与你的身体和情绪状况有关。对此我们都有切身感受，但你认为究竟哪个作用大？很明显的是，如果身体或精神疲惫，注意力肯定下降。我们对不注意的内容不会有印象，可见情绪和记忆力的联系很重要。我们可以想象有多少人在长期苦闷，然后逃避丰富多彩的世界。沉闷影响大脑的生理机能。所以，极度的沮丧、焦虑、压力和局促不安会降低大脑思维活动能力。

大脑失衡

心情长期不好也会造成生理反应链的错乱，导致大脑中神经递质失衡。当主要负责获取巩固和更新记忆的神经递质失衡时，记忆力会衰退。情绪低落的人经常抱怨记忆力差，特别是短期记忆力。只有问题有效解决，记忆力才会加强。使大脑回到正常的化学物质平衡，才是有效地改善情绪低落和其他情绪不稳定的基础。

一些研究者还注意到，短期记忆力的下降与早前情绪不稳定有关。随着年龄增长，生理机能的变化会产生很多记忆力问题。面对生命的重大变化，挑战是寻求新的行动和有把握的目标。我们在后半生会经历很多不同程度的感情伤害，从爱人或亲朋好友的去世到你的社会地位和经济财产发生重大变化。这些变故和伤害很容易使人情绪沮丧，从而导致厌食和营养不良、离群和孤僻。这种情形需要合适的干预，以打破情绪沮丧——逃避现实——化学反应的恶性循环。

情绪的控制

通过干预恢复到健康良好状态时，你自我感觉良好，回忆积极事件的记忆力增进不少。好的精神状态使记忆力自动恢复。快乐情绪是快乐记忆恢复的一个因素。这是情绪决定论，即在相同环境或情绪状态下的事情容易记忆。20世纪，神经递质的发现表明其对人的情绪和记忆有必然作用。而在此之前，很多康复的人和接受治疗的新患者说："生活随思想而改变。"这可能比实验性的解释更具有建设性。

用你的感官意识

在迪帕克·乔普拉的《完美健康》一书中，讲了人的思想和情绪对神经化学物质的作用。在分子量子层次，人体不再是一个肉和骨的架子，而是能量的流动，而且时刻都通过高度整合的化学信使或肽释放的信息在周身流动传递。你的意识和身体的化学构成有直接联系。比如，视觉想象可以帮助焦躁的人放松，使人产生积极的态度，对精神和身体都有正面作用。乔普拉也尝试用气味治疗患者。他解释说，人的嗅觉与大脑直接联系。下丘脑的嗅觉接收器是一组影响记忆、感情、体温、食欲及性欲的细胞。总之，如果你想增强记忆力，就要像当心身体一样呵护好自己的情绪。

各种坏情绪

抑郁症

许多人认为抑郁症是逐渐变老过程中产生的一种正常现象，事实上抑郁症并不是一种正常现象，它是一种疾病——一种可以医治的疾病。我们知道，记忆问题通常会与抑郁症一同出现，如果抑郁症得到了医治，记忆问题就会有所好转。

常见的抑郁症症状有：食欲改变（最常见的是食欲减退）、睡眠障碍、疲乏、焦虑、恐惧、过度忧虑、感到绝望或无助、注意力不集中、记忆困难、做决定时犹豫不决、不安、踱步、易怒、感到生活没有意义、对什么都觉得无趣、总是感觉不舒服或疲劳、情绪低落、有自杀倾向。

那么抑郁症是如何影响记忆力的呢？

动机：当你情绪低落时，你就不会在意你新邻居的名字、你健身课的时间或政府采取的新措施。这些事情好像对你来说都无关紧要。

注意力：即使你想记住如何填写你的医疗保险表，抑郁症也会使你感到头脑模糊，而不能把注意力集中在要做的事情上。

感知：如果你情绪低落，你也许会将许多遗忘的事情当成你记不住任何事情的一种征兆。

小华几年来已经得了几次抑郁症。他的朋友和家人都发现，当他情绪低落时，他就会忘记一些约会，并且记不起来一天前发生的事情。经过咨询，医生认为，如果小华的抑郁症通过药物和心理咨询得到医治的话，他的记忆问题可能会有所改善。医生也建议小华在抑郁症好转之前，应该尽可能多地进行一些记忆训练，以协助治疗。

失落和悲伤

当经历了重大的挫折或变故时，人们常常会被痛苦和悲伤的情绪包围。此时，将注意力集中在自身以外的任何事情上都是困难的，并且注意力也会减退。忧伤时会出现记忆问题，但随着时间的流逝忧伤会逐渐减轻，除非这个忧伤者得了抑郁症。

当你痛苦和悲伤的时候，大多数人最初会想到死。实际上，失落的情绪也许是由许多不同经历引起的，包括重大的外科手术、自己或配偶退休、视力或听力损伤、朋友或家庭成员患病、经济状况的改变、宠物的死亡、孩子或朋友结婚及个人健康状况的改变。当这些情况中的两种或多种同时发生时，对情绪的影响会大大增加。

实例一：老沈几年来一直想退休，这一天终于来临了。他不用早起、不用附和老板，并把时间都花在他的地下工作室里。然而，退休后他惊讶地发现，自己常常感到忧伤并且无所适从。他也注意到，自己总记不住事情。

在妻子的鼓励下，他去为卧床在家的人上门送餐，并开办了一个绘画班。他感觉自己非常有用，他的忧伤情绪和健忘也逐渐消失了。由此看来，即使是你自我选择的一个改变也可能引起失落情绪。

实例二：大明和玲玲交往了一年半的时间。大明认为他们进展得不错，并计划着他们的未来。一段假期之后，玲玲告诉他，她现在觉得他们在一起并不快乐，她不想再见到他了。

大明开始非常生气，并暗自想没有她自己也会过得很好。但很长一段时间内，自己都发现自己很忧伤，并且始终无法摆脱这种状态。他不能将注意力放在他的工作上。他突然感到自己的脑子不管用了。他想，是不是他的记忆力正在逐渐丧失，但自己又不知该如何去做。几个月过去了，他的悲伤情绪逐渐减少了，而且记忆力也比以前好多了。随着大明的悲伤情绪逐渐减少，他的记忆力又恢复了正常。

焦虑

焦虑的特征表现为内心紧张不安，并伴有生理症状和说不清的恐惧。许多严重焦虑的人都不能将注意力集中在他们身外的事情上。他们的头脑中充满了担忧，因此他们不可能将注意力放在外界发生的事情上，并且记忆力的衰退还影响到他们日常的生活。

焦虑的常见症状：神经过敏、忧虑或恐惧，忧惧或有一种不祥的预感，一阵一阵的恐慌，注意力难以集中，失眠，对可能患有生理疾病的恐惧，肚子痛或腹泻，出汗，头昏眼花或头重脚轻，不安或易变，易怒。

特定对象恐惧症

当某种物体被看作是危险的来源时，并且这种物体可能导致的伤害被夸大时，就可能患上特定对象恐惧症。特定对象恐惧症包括对某种动物的过度恐惧，对诸如狭窄空间、开放空间或者高地之类的环境的恐惧，以及呕吐的恐惧。

当特定对象恐惧症患者遭遇到令他感到恐惧的物体或者环境时，他身体上的焦虑反应将不断增加，他所要做的事情是尽力避开这个物体或者环境。例如，当蜘蛛恐惧症患者看到类似于蜘蛛的物体靠近他们时，他们将经历心跳加速、恶心和极端恐惧的过程。他们所要做的事情是尽力逃离这样的环境。当这种恐惧症的患者接触到这种物体时，他们也会做出类似的反应。

据估计，每100个人中就有10个人受到特定对象恐惧症的影响。这种恐惧症是女性精神障碍中最为常见的一种，而它在男性精神障碍中位居第二位。某个人患上特定对象恐惧症的年龄取决于这种恐惧症的类型。人们患上恐惧症往往与他们儿童时期所处的自然环境有关。诸如飞行恐惧症、恐高症和狭窄空间恐惧症等条件性恐惧症，往往是在20岁这个年龄段时形成。

广泛性焦虑症

广泛性焦虑症指的是由于过度的、长期的忧虑而引起的焦虑症。广泛性焦虑症形成的原因有以下几种：一是担心不能应付面临的问题；二是害怕失败；三是担心被拒绝；四是对死亡的恐惧。患有广泛性焦虑症的人身体上也会出现一定的症状，包括肌肉紧张加剧、敏感性增强、呼吸频率加快以及觉醒程度增加（如心跳加快）。

广泛性焦虑症是一种常见的精神障碍，它对女性的影响是其对男性影响的2倍。虽然人们受广泛性焦虑症影响的年龄会因人而异，但是人们往往在20多岁时才开始寻求治疗这种焦虑症的办法。在美国，一般有3%～8%的人受到广泛性焦虑症的影响。心理学家估计，那些患有广泛性焦虑症的人中有超过50%的人有其他的精神障碍，如沮丧或者另外一种不同类型的焦虑症。

实例：关太太把她自己描述为一个爱担心的人，她担心她的弟弟结不了婚、她的女儿吮大拇指，还担心她自己的胃病和关节炎等这些会影响到她照顾家庭。她很紧张，经常睡不好觉，几乎一整天的时间她都在担忧，以致她不能清楚地记得一些事情。

当关太太在诊所治疗她的胃病时，她向护士提及了她的焦虑情况。护士建议她和医生谈谈这个情况。医生推荐给她一个治疗焦虑和抑郁的认知治疗小组，在那里，关太太能学到一些解决她焦虑的新办法。在这个小组里，关太太认识到她控制不了她弟弟未婚状况和她女儿吮拇指的习惯。她决定试着不再担忧这两件事情。这个小组帮助她想出在她不能照料家的情况下的许多解决办法。关太太知道，她将会继续担忧，但她意识到担心这些她无法控制的事情也于事无补后，开始为她的未来做打算时，她的一些焦虑症状及她的记忆问题开始减轻。随着她的担忧越来越少，她发现自己能够集中注意力并对事情能够记得更清楚。

成为记忆达人的法则

编译记忆的法则

积极的态度和信念

最重要的编译记忆的法则，是你真正相信自己能够学会和记住你想得到的。这种情况下，你的身体会放松并且聚集了所有完成手边工作的能量。积极的态度会产生成倍的效果：它最终改变了你大脑中的化学成分。第一，积极的态度促使多巴胺——一种神经递质产生。就像一台从地基循环取水的抽水泵，乐观促生了多巴胺，多巴胺反过来又提升了乐观情绪。第二，积极的态度有助于产生更多的去甲肾上腺素和另一种神经递质，这种神经递质为你提供了作用于动机的生理能量。第三，建设性的思考可以刺激大脑前叶，有助于进行长期计划和判断。总之，积极的状态远胜过"盲目乐观的效果"，它实际上刺激了你用来学习的大脑。

准确观察

我们大脑中的大部分信息是无意识的。伊利诺伊州立大学的埃曼纽尔·唐琴博士认为，我们加工处理的超过99%的信息都是没有意识的。为了避免被无数的琐事所轰炸，人类的大脑有意识地只关注那些被认为是重要的信息。我们尤其关注那些威胁到我们生存的事物。当我们每分钟随机感知数以百万的信息量时，我们确定要记忆的信息必须有意识地被提示给记忆系统。这里动机在起作用。不管你是否真的感兴趣，积极主动地集中注意力能更好地储存和恢复记忆。

你观察、听到和思考的事物越多，记忆的可溯源就越深。注意闻一下是否有些气味存在，如果有就在心里默默记住。听一些平时不容易注意的事物——背景噪声的变化或音量的增减。写下那些特别有意思或重要的信息；绘制图画、图标或标出数字来说明一个要点；检查你确认的感知是否准确。闭上眼睛想象你所听到的。在脑海中回想这些信息并用你自己的语言重新组织。你潜心感受得越多，初始记忆的编码就会越强。

考虑背景因素

编译记忆的另一个关键因素是考虑背景。背景则意味着更宽泛的模式——输入的意义、环境、原因。当我们第一次关注大幅图画时，所有的细节问题更关键，知道了图画是怎样组合在一起后，我们就可能理解和记住信息。例如，想一个拼图玩具。通常的方法是通过比较方框中的图片来确定邻近的部分。想象一下学习一项新的运动，比如，你亲自打了高尔夫比赛，并且得分了之后才会记住"标准杆数"等高尔夫中的专业术语。同样，当你一遍遍试着击球到400码（约为366米）远时你才能确切地领会到这一距离的实际意义。

B.E.M. 原则

缩写词 B.E.M. 表示开始、结尾和中间。你接收信息时很可能按这一顺序来记忆。换句话说，更容易记住的是开始时接收的信息；接下来是结尾接收的信息；最后记住的才是中间部分。

为什么会这样？研究者推测在接收信息的开始和结尾时存在着一个关注偏见。开始时固有的新奇因素和结尾时感情释放在我们大脑中酝酿产生了化学变化。因而，如果你想记住中间部分的信息，就应当运用一个记忆方法并且给予这部分特别的关注，确保对它们进行更牢固的编码。

主动学习

通过一个练习的形式我们可以更好地理解主动学习的概念。因此，思考下面两组序列：一组数字和一组字母，花几秒钟来记忆每一组。

149217761812190019171 9631970

NASANBCTVLIPCIAACLU

一般来说，大多数人会费时来记忆这些抽象的数据，除非他们运用记忆术——我们就打算运用它来记忆。这次，我们将它们分成3～4个一组再浏览一遍，使之在某种程度上使你印象更深刻。用视觉图像或联想的方法将数据中的小块相互联系在一起完成记忆过程。例如，你可以引用历史中一个著名的数据（哥伦布开辟欧洲新航线的时间）"1492"，将开头4个数字联系在一起；然后，你通过另一种想象把它与接下来的一组数字联系起来。在这里，虽然是为了易懂提供了两组显而易见的例子，但事实上，你的确可以运用这种联想记忆法记住任意次序的字母或数字。

你刚才所做的实际上就是"主动学习"。当一个人处理信息，或者被要求来解决一个与之相关的问题时，他可以通过多种记忆方法来编译信息，以此增加恢复记忆的机会。加工处理新的信息可以在你大脑中产生更多联想并且巩固已有的联想。这里有一些可靠而真实的策略。

（1）讨论新的知识。

（2）阅读新的知识。

（3）观看一部相关的电影。

（4）将信息转化为符号——具体的或抽象的。

（5）运用新术语和概念做一个填字游戏。

（6）写一个主题故事。

（7）绘制相关的图画。

（8）分组讨论新的学识。

（9）在头脑中描述新的学识。

（10）编一些相关歌曲。

（11）将身体运动与新学的知识联系起来。

分块

正如前面所述的主动学习的例子，复杂的题目或一长串信息元可以分成易掌握的几部分来理解和记忆。例如，电话号码、信用卡、社会保险号总是被分成2～4个数字一组以便记忆。有意识的大脑一次一般只能处理5比特的信息量，而这一数量又与学习者的年龄和已有的知识有关。一般说来，1～3岁的幼儿一次只能记住一个信息；3～7岁的孩子可以记住两个信息（或根据指导一步步来）；7～16岁的孩子能记住三个信息；大于16岁的则通常可以掌握四个或者更多信息。

不管你的年龄有多大，将抽象的信息分成易掌握的几部分能够增强你的记忆。这里还是前面主动学习练习中用过的两组相同的数据，只是这次我们把它们分成几部分。当然，没有正确与不正确的次序之说；唯一重要的是它们对你是否有用。我们已经使用了一些简单例子来说明，接下来的方法将教你怎样对那些提示不怎么明显的信息进行联想。

我们现在将上文中那个主动学习的例子分成下面的几部分，以便更有效地进行记忆编码处理。

1492，1776，1812，1900，1917，1963，1970

NASA，NBCTV，LIP，CIA，ACLU

加入情感

不论何时，一个人情感的加入，在很大程度上可能对事件形成更深刻的印象。激动、猜疑、恐惧、惊奇，或者任何其他强烈的情感都能刺激肾上腺素的产生。举个例子，如果你作为贵宾出席一场令人惊诧的聚会，那么你会感觉到情感对记忆的影响力。在这样一个时刻，这个活动会因肾上腺素的释放，大脑情感中心而变得记忆犹新，从而也促进了编码和恢复记忆。

你4岁时，有人恃强凌弱从你身后鬼鬼祟祟冒出来，将一条蛇放到你身上并大声恐吓，这种事情在发生的那一刻给你刻上了深刻的烙印。为什么？因为强烈的恐惧感刺激产生了肾上腺素——使身体产生免受畏惧和惊吓的生存反应。一条蛇或以后类似的刺激物使你余生中可能会有相同的自动反应——无意识的。如果这导致了令人讨厌的恐惧症，（在治疗中）这种强烈的编码将被重新组织。然而，由于恐惧感使人印象深刻，我们通常要推荐一位资深医生来给予治疗。

寻求反馈

"你看到了吗？"无论何种情况，当我们见到一些不寻常的事物时，我们的反应或者是不相信，或者是和别人核实。这是一个聪明的策略。你要确保自己的所想、所见、所闻是真实的。寻求反馈是一个自然且基本的学习手段，它有助于我们在形成不准确的记忆之前将假象减小到最低点。反馈的过程有助于增强我们的感知，从而增加记忆事物或刺激物的可能性。反馈来源于多种形式。提问是其中之一。即便答案并不恰当，个人对信息的涉入也能加深编码。

增强记忆力的法则

获得充分的睡眠

研究表明，白天学习时间越长，夜里做梦可能就会越多。快速眼动睡眠，可能是学习的一个巩固期。快速眼动睡眠占据我们整个休息时间的25%；也有人认为它对睡眠是重要的。这个假定有事实支持：大脑皮层的一部分被认为在长期记忆过程中起关键作用，而其在快速眼动睡眠期间是非常活跃的。其他的研究表明，快速眼动睡眠中老鼠大脑的活跃方式与白天学习期间大脑的模式相似。亚利桑那大学做白鼠研究的布鲁斯·麦克诺顿博士认为，在睡眠过程中，海马体仍然处理着脑皮层传送来的信息。关键的"停工期"通常在睡眠最后的1/3时间（凌晨3：00～6：00）出现，它可以使好记忆与差记忆呈现出差别。

进行间歇学习

加工处理期是为了在脑中建立更好的连接。这就是间歇过程中可以进行最成功学习的原因——学习、休息、学习、休息。研究表明，应依照学习材料的难易程度与学习者的年龄，每学习10～15分钟之后应确定一定的"停工期"，而这种有效的规则对增强记忆是至关重要的。

让信息变得重要

维持记忆的另一个重要因素是人对信息重要性的划定。有关这个原则的一个很好的例子，是那些总是忘记写作业的学生，却记得自己最喜欢棒球队中每个队员的击球率。想想每天对我们进行狂轰滥炸的电视广告，你会记得多少？你又能记住多少时间响起的电话的号码？可能你什么也不记得——也就是说，除非你正在专门查找一条广告，那么你会刻意记住它。回想上次你被介绍给你真正喜欢的人时，你是不是不止一次询问他的姓名？信息对你越重要，你越可能记住它。

运用信息

练习一直是最好的老师与教练。重复练习能够增强记忆。当大脑吸收了新的信息时，细胞间就产生了一种关联。这种关联在每次使用时都会得到加强。初始学习之后复习 10 分钟可以巩固新的知识，48 小时后再复习一遍，7 天后再来一次。这种循环可以确保一种牢固的联系。看照片是另外一种增强记忆的方法。大学时的一些记忆是否已消失？通过留言簿里泛黄的纸张和幽默的留言，我们可以回忆起那些面孔、名字以及共同的冒险经历。

牢固地储存信息

我们需要不同的记忆存储设备。便条、名单、电脑、档案、特意放置的物品和日历都可成为支持我们记忆的工具。它们中的每一个都有着同一目的：为帮助记忆恢复提供"牢固的副本"。依靠这些外部的记忆设备，我们很少会产生错误的回忆。把我们忙碌生活中的重要记忆留在每一个地方是加强记忆的策略性方法，即使是仅仅写下想要记住的事也能加强你的记忆。

养成习惯

大多数人无意识地养成一些习惯。这些习惯可能是把我们的桌历翻到一周中恰当的一天，把便条放在醒目的地方，标记出我们要带去学校或工作的东西，等等。这里的策略是有意识地在生活中养成习惯以减轻记忆的负担。比如，当你走进屋子时总是把钥匙放在同一地方——靠门近的地方。一旦意识到自己的习惯，你就可以利用它们把要记住的信息联系起来。例如，你可以把自己要记得带去工作的书与钥匙放在一起，在你例行其事的时候，就不需要刻意去记忆。

第二章

记忆的程序和类型

记忆的程序

记忆的运行

记忆的运行过程会牵涉整个身体的参与，它的每一个步骤都需要感觉、认知和情感的参与。因此，感觉和知觉对记忆来说，就像推理和思索一样重要。

飞机上的黑匣子会记录并存储机长和地面控制台在整个航行过程中的对话，以便需要时提取有用的信息，记忆的形成与之类似。它包括接收信息、保持信息的完整性、在需要时再现该信息三部分。但是，这三部分的顺利进行要依赖于一些在现实中实际上很少能遇到的条件。

接收信息以及从记忆中再次提取信息是大脑的一个十分复杂的运转过程。对信息的接收、编码、整理和巩固是这个过程的必要步骤。了解记忆这个奇妙的运行过程，对充分发挥记忆的潜能非常有用。

接收信息的要素

接收信息首先要求感官——视觉、听觉、嗅觉、触觉和味觉有效地发挥功效。一般情况下，记忆信息所出现的问题都可以在检查信息进入"黑匣子"的方式之后找到原因。如果看不清楚或者听不清楚，就无法清楚地记忆。事实上，如果你的感觉不够灵敏，你是无法记住任何信息的；所以不要归罪于记忆力，而应该训练你的感觉器官。

良好的感觉系统也不能代表一切。另一个重要的因素是集中注意力，这是由诸如兴趣、好奇心和比较平静的心理状态决定的。有效地接收信息取决于拥有正确的思维模式。

19世纪90年代，一些发明家（包括托马斯·爱迪生）在记录音像方面取得了成功。但是真正成功地完善了用胶片捕捉动作系统的人，还是要数法国的路易斯·卢米埃尔，如今我们的照相机依然保留着他所发明的图像捕捉方式，只是在每秒钟所捕捉的图像数量上有了变化：从过去的16个变成了现在的18个。

信息的编码和整理

你接收的所有信息会先被转化成"大脑语言"。这是一个被称为编码的生理过程，在这一过程中信息被输入记忆系统。在编码过程中，新的信息和记忆中已存储的相关部分放置在一起。它会被分给一个特定的代号：可能是一种气味、一个形象、一小段音乐，或者是一个字——任何标记符号都可以，只要能够使这个信息被重新提取。如果一个词"柠檬"被用"水果""有酸味儿""椭圆形"或是"黄色"来编码，那么当你不能自发地回忆起这个信息时，这几个特征中的任何一个都可以帮助你回忆起它。如果你接收的信息属于一个新的类别，大脑会给它一个新的代号，并与记忆已经存储的信息类别建立联系。信息再现的效率取决于大脑对这条信息的编码程度，还有数据的组织情况和数据之间的联系。这个过程需要利用人脑对过去的丰富记忆做基础，对每个个体来说，这个过程都是独特的，而且它的进行方式也是不同的。尽管如此，信息编码的潜能还是要受到大脑接收信息能力大小的限制——一次最多可以对5～7条信息进行编码。

此时，信息的性质就从一种从外界接收的感官信息，转变成了一个心理映像，也就是大脑受到某种行为刺激而形成的转换过程的产物。然后，这条信息就会被保存在记忆里。

短期记忆主要是一些日常生活中的事情，这样的记忆只需要保留到任务完成即可——比如说购物、打电话等。

普通记忆，或者叫中期记忆，对需要一定程度的注意力的信息发挥作用。我们对这些信息感兴趣，并希望把它们传递到大脑中。个人能力、时间段，还有信息所包含的情感因素，都会影响到普通记忆的多样性。普通记忆是生活中频率最高的。尽管如此，它的潜在容量却无法预测，没有人知道它的极限是多大。

长时记忆会在我们不自知的状态下，不需做任何额外的努力就能把一些信息铭刻于心。通常，能产生强烈情感的事件是形成无法磨灭的记忆的基础。它们内在的情感性使我们倾向于向别人讲述，而这个叙述的过程会将记忆巩固并存储到大脑的更深处。我们并不受这些深层的记忆所控制，这些被埋藏的记忆表面上似乎被长久地遗忘了，事实上却会在任何时刻重现脑海：出现在梦中或是被某种气味唤醒。

巩固

有些信息由于自身所附带的强烈情感因素，会在记忆中自动留下难以磨灭的印象；而有些信息，如果你想把它们保留得久一些，就必须用一些方法去巩固它们，而这种巩固的过程需要在存储信息时进行良好的组织工作。一条新的信息首先必须被划分到合适的类别中，就像你把一个新的文件放进一个文件柜时需要做的一样。至于把它划分为哪一类，就要看你个人的信息分类标准——按照意义、形状等，或者被包含在某个计划、故事中，又或者是所能唤起的联想。举个例子，"文明"这个词，作为"文化"的义项可以被划分为"名词"的类别，但是作为"社会发展到较高阶段"的义项又可以和形容词建立联系。不过你也可能会用别的分类方式，因为任何人都不会对同一条信息采用同一种分类方式。

当你把新的文件归档时，很可能会把它放在其他已存的文件的前面；同样，处在不停变动中的记忆库会把新的信息储存在旧的信息之前，这样的过程不断重复，越来越多的新信息被存储，最终，"文明"的文件将会被彻底地覆盖。只有你再次使用这个词时，它才能回到文件夹的最前面；否则，它将被转移到文件夹的最后面，就像其他被遗忘的信息那样。所以为了确保信息得到有效巩固，仅仅组编数据还不够，在最初的 24 小时内必须重复信息 4 ~ 5 遍，之后还要有规律地重复记忆，这样才能避免信息被遗忘。如果信息的重复工作得到很好的实践，我们就可以随时根据需要从记忆中提取完整的信息。

注意力和回想

我们经常会抱怨自己的记忆力太差，而事实上出错的通常是我们的注意力。当我们注意到某个物体，并给予特别关注时，全身的智力和才力都会被调动起来，经过大脑一番精密的操作过程之后，我们所感知到的物体形象才能被记录进记忆中，并且能够在需要时再现。

注意力概括分析

一个人接收信息的方式受他的教育背景的影响，但是同时也取决于他的性格、个人兴趣还有世界观。以下对注意力所作的概括分析，虽然是传统的分类，但还是能够显示出个体的注意力之间的差别。

极度注意细节的人会表现出过度关注事物的行为：任何事物都会引起他们的兴趣，任何东西都可以，确切地说是必须被记住，哪怕是冒着记忆过度、塞满许多没有价值的信息的危险。这类人不加选择，总是投入相同的注意力。

符合上述描述的人通常会追求完美、拘泥小节，而且天生具有良好的记忆力。他们会让你注意到自己的套衫衣领上的一点儿绒毛，或者是清楚地记得你觉得并不重要的事情的每个细节。而且他们还会期望别人也和他们一样不加选择、毫无遗漏地记忆。这类对所有的事物都投入注意力的人，通常会有一个庞大的信息存储库，但是他们很少会使用到这些信息。对他们来说，大部分存储的信息是没有用的，因为他们很难发现真正能够吸引自己的事物。

对特定领域有强烈兴趣的人，将他们的注意力集中在一个或几个吸引他们的方面。这类人的注意力得到了很好的利用，并被有效地施展在他们真正感兴趣的事物上；至于不感兴趣的方面，他们基本上不会关注。关注特定领域的人经常会力图向别人表现自己在这个领域知识的渊博。他们的注意力具有选择性，但是集中程度很高，他们的记忆也是如此，专而精。

粗心大意的人一般不会关注周围的环境。他们看起来总是在不切实际地幻想，因而经常会丢东西，或是忘记做事；他们也不会真正听从别人的建议，因而可能会忽视世俗常规。对周围环境的忽略是和对自我的过度关注紧密联系的。这类人对任何事物都不会深入了解，保存的记忆也多是杂凑的，充满自我影子。这种现象在一些成年人身上表现得比较明显。

你可能在上面这几个类别中能找到与自己某方面吻合的特征。最重要的是保持灵活多变，既能够对自己感兴趣的特定领域集中注意力，同时又能思想开明，善于适应新的要求和挑战，这样才能保证对信息的成功记忆。

注意力的助手

完成对信息的成功记忆，仅仅主观希望集中注意力是不够的。回忆一下，在学校里，你觉得有些课你确实是听得非常认真，但是事实上你什么都没记住。过去，你拼命想要记住物理定律，却没有效果。你怎么解释这些问题呢？

法国探险家保罗·艾美尔·维克托在 88 岁的时候，这样解释他依然精力充沛的秘诀："在我没有将我那有限的精力计划分配到第二天的活动中之前，我是绝不会睡觉的。"通过每天进行有限而又高效的活动来保持自己的兴趣，这位年迈的探险家实际上发现了让注意力高度集中的关键因素。当然还有以下的一些影响因素，只有这些因素的协调统一才是注意力高度集中的保障。

兴趣 兴趣能够触发注意力。任何不能吸引你，或是不能引发某种情感的事物，都无法引起你的注意。

个性 容易受到焦虑和紧张影响的人会有想法过多和精力分散的困扰。心不在焉是个不利因素。开明的思想和乐观的态度是能够集中注意力的最好前提。

乐趣 能够产生乐趣的事物会受到人们更多的关注。

动机 要达到某个目标，要成功，或是要发挥自身潜力，这些心理期望都会使我们自动地增加注意力的投入。

警惕或冷静 紧张的警觉状态不仅能够使注意力持续集中一段时间，而且可以毫不疲倦地关注新的事物。

好奇 好奇会提高注意力。对自己的环境和生活较好奇，就会集中注意力。

专注 专注会使你的注意力集中在选择的目标上，而不会轻易被他物转移。需要注意的是注意力也有它的极限。在注意力能够集中的时间

测试你的注意力

进入这个曲折的迷宫中，集中注意力尽可能快地出来。

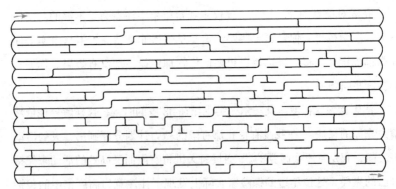

★ 迷宫游戏虽然看上去像是儿童游戏，却是训练注意力的一个非常好的方式，因为这个游戏需要高度的注意力和抗干扰能力。另外，这个游戏也有助于锻炼我们的视觉空间能力。

方面，我们每个人各不相同；即使同一个人，在生命的不同阶段，这个因素也是不同的。

情绪　积极和消极的情绪都能提高注意力，害怕忘记一个极小的信息，会驱使你对它投入极大的关注。

环境因素　当周围环境有利时，没有听觉或视觉的干扰，注意力会得到增强，可以专心致志地关注目标。

这些因素中缺少一个，注意力就无法达到最完美的状态。

注意力的分散

环境不可能总是让你可以轻易地保持高度集中的注意力。想一想日常生活中我们遇到的问题：疲劳、紧张、某些治疗造成的后遗症、糟糕的生活方式、疾病……这些都是注意力集中的初级障碍。如果你不能处理好这些小问题，那么更为严重的障碍将会在暗中以一些特定的行为方式来造成不好的影响，而且这种危害会无限期地延续下去。

如果你对环境不投入足够的关注，注意力被切断，不能被激发的现象就会出现。出于各种原因，使我们不能充分利用我们的"注意力资源"。

注意力利用不足主要是长期缺乏努力造成的。懒惰潜伏到一定时间，就会损害我们投入注意力的能力，因此注意力就会很难被激发。这可以解释为什么在完成学业多年之后，如果要重新开始学习，就需要接受训练，再次适应学习的规律。

注意力缺乏专注性，无法集中的成因是注意力的利用不足。如果你没有将注意力集中在某物的习惯，那么要让注意力集中就更加困难。

好奇心、愿望和计划的缺失可能是注意力最大的敌人。当你需要实行某个计划，或是非常希望实现一个愿望时，这些心理因素和对周围环境的好奇心一起将会成为保持注意力高度集中的最好保障，最终会使信息记忆高效快捷。

回想

回想是将信息由长期记忆转变为工作记忆意识状态的过程，其实就是指再现已经提交给记忆的信息。

通常在记忆过程的这个阶段，人们会遇到问题，体会到那种话到嘴边却说不上来的恼怒感觉。信息明明已经储存在记忆中，就是无法再次提取——哪怕你无比确定你肯定是知道它的！

经验之谈是最好不要强迫自己去回忆，过了一段时间（或长或短），当一些与你想回忆的信息有联系的东西凑巧被你注意到时，你就能够回忆起它了。

按照要求回忆信息的条目，被称为自发性回忆，比如说，迅速说出《伊索寓言》中三个故事的题目。而在你被要求说出三个分别讲野兔、老鼠和狐狸的故事时所进行的回忆被称为触发性回忆。这几个动物，先是在信息的编码过程中起到建立联系的媒介作用，随后又在信息的回忆过程中起触发器的作用。

记忆所包含的情感因素越多，附带有个人联系的显著细节就越多，这样能用于触发回忆的线索就会越多。你能够记住更多你个人生命中发生的大事的生动细节——入学、作文获奖等，而正是这些细节，极大地丰富了你的短时记忆。

当你从所给的几种可能性中准确无误地选出答案时，认知过程也在发挥作用。举个例子，《野兔与鹬》《狗和狼》《狐狸和乌鸦》，这几个故事中

记忆和电影

你很喜欢去电影院或者在电视上看电影，但是却怎么也想不起来刚刚看过的情节，即使看的时候觉得非常有意思。遇到这样的情况，不要担心，这是很正常的。当观众时，你只是在被动地接收信息，重要的感官系统基本上没有得到锻炼。要是真的想记住电影的情节，在电影开始播放最后的致谢名单时，就应该开始积极地记忆：总结电影的情节，回忆你喜欢的或是让你印象深刻的场景，评价各个角色在剧中的表现……还有，不要忘了跟你的朋友们一起讨论这部电影。

哪一个是出自《伊索寓言》？

触发性回忆和认知过程带来了更好的结果：能够回忆起更多的信息，而且这些信息的生动性和准确性也大大提高了。

遇到拼命回忆也想不起来某个信息时，质疑为什么信息会被暂时忘记是没有用的，还不如看看记忆信息时所用的方法更为实际：信息是否得到了良好充分的处理，以确保它被有效地传递到记忆库中。如果这个过程没有做好，那么作为触发器的线索就不能确保信息通过简洁迅速的途径被回忆起来。

绝大多数有关记忆方面的疾病，主要是由于不能按要求记住信息。然而事实上，我们在巨大的记忆库中找到一条信息并将它记住的能力是非常惊人的。

有两种方法可以让你取回长期记忆中的信息：认同和回忆。

认同是对信息的理解，它可以作为你已知的某事或某物出现。例如，当你听到你朋友提到一个名字时，你知道这就是你朋友儿子的名字，但你自己却记不起来。

回忆是一种自发搜索你想要的长期记忆信息的行为。例如，你想在会议上谈论你的客户，你就需要在你的记忆库中搜索他的名字。

在大多数情况下，认同比回忆容易得多。当你说“我记不起来”时，通常你的意思就是：“我想不起来。”

如果在会议上你想不起来你们客户代表的名字，但你听到这个名字时，你也许会很容易想起它。

想起一档特别电视节目的名字也许很难，但你在当地报纸的电视节目单中看到它时，你会很容易识别它。

由于你需要在成千上万条信息中找到一条信息，因此，对信息的回忆是有难度的。

有时候，一个提示可以使你想起某条信息。提示可通过一个事件、想法、画面、词语、声音或其他可以获取长期记忆信息的事物。例如，当有人提示你一部经典电影的名字时，你可能就会想起电影中的演员。这个具有引发作用的信息，即电影的名字，就是一个提示。

人们常说："我记不住一些人的名字，但我永远忘不掉一张脸。"

我们很容易就能记住一些人的脸，这是因为它们可以通过认同来呈现它们自己。记住了许多人的名字，就涉及了长期记忆中信息的回忆，因为脸只是一个提示。

当我们正在搜寻一个名字或一条信息时，我们会想到一些相关的事情，这些事情就可能作为提示并且常常会引发出那些想要得到的信息。例如，如果你想不起来你在暑期班中学习的课程，你可以回想一下上课的地点、和你一起上课的人，以及你学习过的其他课程。

必要的重复

如果强烈的情感可以保证个人经历永远刻印在记忆中，那么，学习复杂的、中性特征的东西就更需要持久的努力和不断重复。

为了分析而重复

为了记住一列词、一个人名或一个电话号码，我们会以自觉的方式去重复。通常我们会把它们写在记事本上，以便在需要的时候查找。这种简单的重复，被心理学家称为"维护性自动重复"。

很少情况下，我们重复有关信息是为了更好地将其巩固在长期记忆中。因为直觉告诉我们，简单的重复对长期记忆并不十分有效。所以，我们通常不仅需要重复记住某个东西，同时还要对其进行深入分析。这种形式的重复被称为"加工性自动重复"。

例如，为了记住澳大利亚和塔斯马尼亚的一种哺乳动物鸭嘴兽的名字，我们可以多次重复。但是如果我们看过鸭嘴兽的图片——它拥有鸭子的典型嘴巴、扁平的尾巴——将更容易想起它的名字。

已经有许多实验验证了第二种方式更有效，因为我们在重复记忆的同时进行了分析，对信息进行了思维组合、心理成像或深刻的感觉体验⋯⋯

适量地重复

为什么即使拥有出色的记忆力，也要注意分步骤进行学习，特别是需要长期记住某些东西时。以下是一个关于重复影响记忆效果的例子。

乌鸦先生，在一棵树上休息⋯⋯

为什么，在拉·封丹的《乌鸦和狐狸》中，我们对前面的诗句比对后面的诗句记忆更深刻？原因很简单：我们最先用心学习了第一句诗，然后是第二句诗⋯⋯总是在重复第一句诗后，再进入第二句诗，然后总是重复前两句诗后，再进入第三句诗，如此这样继续下去⋯⋯当我们学到最后一句诗时，第一句诗已经被重复了至少十几次。因此，留在我们记忆最深处的还是第一句诗，而最后一句我们通常无法想起——即使我们可能在听到或者重新阅读它的时候辨认出来：

乌鸦先生羞愧不已，

对天发誓，今后再也不会上当受骗了，

但为时已晚。

上面的例子还显示出另一点，但极少有人会注意到，对一条信息的每一次回忆都构成了一次新的学习。因此，在一个令我们着迷的领域，表面上我们似乎从来都没有努力学习过，而事实上，在许多场合我们对知识进行了重复和深化。例如，孩子们常能认识那些名字较难记的动物，因为他们总是能遇到这些动物，它们常在电影中、电视上、书中出现或者以玩具的形式出现。

如果重复得过多，是否能更好地记住

如果重复得过多，是否就能更好地记住呢？不是，因为增加学习的时间或者重复的次数，不足以获得良好的效果。必须选择适当的学习节奏，最好分几个时段而不是一次性实现（尤其是学习复杂的知识），每个时段之间需要有一定的时间间隔，而不是在极短的时间间隔内连续学习。如果我们希望为生活而学习，而非为考试而学习，那么更应该注意这些。

我们能否更精确地指出最适用的节奏？某些研究人员，如加拿大心理学家约翰·安德逊，试图通过数学函数描绘出学习和遗忘的过程，并衡量投入学习或者遗忘所需的时间。根据获知过程画出的曲线图常常是持续而快速的，开始时是飞跃进展，之后是缓慢的巩固过程。根据遗忘过程画出的曲线图表明先忘记一大部分，之后遗忘得就越来越少了。

但是，正如我们所知道的那样，面对同样的任务每个人的学习节奏是不同的，而同一个人对不同的任务学习节奏也不一样。因此，每个人应该找出适合自己的节奏。

对信息进行选择和分析

注意力、动机、重复……所有这些都很重要，但还不足以提升我们的记忆潜能。因为，记忆不以某种自动的方式（比如，照相机或者录音机的方式）照原样储存信息。面对每一刻传来的多种信息，我们的大脑进行选择后只记住了其中的一部分。因此，良好的记忆力依赖大脑强大的组织能力来消减信息的复杂性和数量，以便进行分析，并与其他信息建立联系。

寻找逻辑关系

每个人都知道，把一个10位数分成一对一对（10-35-79-11-13）比一个一个（1-0-3-5-7-9-1-1-1-3）或者作为一个整体（1035791113）来记忆要容易。除了这样简单的组合，有时候在一些数字中还存在一定的逻辑关系。例如，在10-42-53-64-75这组数中，后4对数具有一个共同的特征：把每组的第一个数字减去2就得到第二个数字（如4-2=2）；这组数也符合另一个递进规律，每组中的两个数字分别加1则得到下一对中的第一个数字和第二个数字（如4+1=5，2+1=3）。

在其他情况下，也需要将信息进行分类。例如，在面对一张购物单时，我们根据经过商店的顺序——面包店（面包）、食品店（番茄酱）、邮局（邮票）——重组所要购买的物品。

一张图片胜过 1000 个单词

　　最早验证视觉想象如何作用于记忆的是英国人类学家弗兰西斯·高尔顿。高尔顿是查尔斯·达尔文的堂弟，他为人类做出了一些意义重大的贡献，包括著名的优生学。当高尔顿开始对视觉想象产生兴趣后，他做了一项关于 100 人的问卷调查，请被调查者运用心理成像法来回忆他们早餐时的细节。

　　结果很有意思：一张图片胜过 1000 个单词。高尔顿发现能够回忆自己经历的人，通过构建心理图像形成了丰富的描述性叙述；那些回忆较少的人仅形成了模糊的印象；而那些记忆空白的人根本没有任何印象。通过这个简单却有说服力的实验，高尔顿推测视觉想象对于记忆是非常重要的；而那些记忆力很好的人能够恢复大量储存于大脑中的印象和感情。

建立联系

　　布料和纽扣，醋和树木，灯和椅子，我们更容易记住哪对词？毫无疑问是第一对，因为这两个词之间存在强烈的组合关系。对信息进行组合有助于记忆。

　　通常组合是自发进行的，尤其适用于记忆反义词或同义词、近义词。例如，区分凸和凹这两个字的意思，我们只需要记住其中一个字的意思就够了，因为它们的意思是相反的。以组合的方法，我们还可以尝试记忆电话号码、亲人或朋友的生日，或者记忆历史日期。例如，某个朋友的生日是 8 月 4 日，就可以联系到 1789 年 8 月 4 日是法国大革命期间，废除特权的那一天。

心理成像

　　为了确认是否锁好了住宅大门，我们会有意识地回想在出门前自己正在做什么。在找眼镜时，我们经常在脑海中重现它可能被放置的地方。

　　心理成像不仅有助于回忆，在学习过程中也扮演着关键角色。借助这种能力，在手头没有实际图示时，我们可以在脑海中想象一条路线，构思一个曲线图或者图表……由此可以解决许多问题，甚至可能有重大的科学发现。阿尔伯特·爱因斯坦说自己曾想象骑着一束光线，并因此对光的速度产生了兴趣。实验显示，当我们构建一幅心理图像让一些词处于某个场景中时，记忆效果比只是简单的重复要好两倍。

在日常生活中，可以通过心理成像记住人名、地名、新词汇，甚至一门外语词汇。为"白色"这样的名词构建一幅心理图像非常容易，而其他的词可能要求更多的想象力。与广为流传的观点相反，心理图像并不一定要拥有"奇怪"的特征。

双重编码

大脑由两个半球组成，它们各自以不同的方式发挥作用，同时又相互协作。

"我把钥匙放在哪儿了？"

这个日常生活中常见的问题能调动大量的记忆资源。我们"看见"钥匙，感觉它就在手中，并在锁眼里"转动"，我们尽力回想当时的环境背景和准确时间，以及和别人的谈话，有时同时进行的其他事情会干扰我们对放置钥匙的常规记忆。

用神经心理学家的话来说，对这样的任务我们既需要情景记忆，也需要语义的、程序性的记忆。尽管所有回想起来的信息——视觉的、口头的、语义的、行为的——都与"钥匙"有关，但它们是在大脑的不同区域里被处理的。借助神经元环路，这些联系才得以在两个脑半球中被激活。

脑半球的分工和协作

当我们学习或者回忆语义信息时，如一组词或者一首诗歌，由左脑半球的记忆系统负责。而当信息具有视觉的或空间的属性时，右脑半球将参与进来。例如，当我们记忆一条路线或者辨认一张面孔时，每个脑半球处理信息的编码方式不同。

视觉信息和口头信息

　　功能核磁共振图像技术使我们可以看到在执行给定任务时大脑的活动区域，通常右侧海马体负责通过视觉辨认面孔，而左侧海马体用于搜寻对应的人名。为了确定名字和面孔的对应关系，需两边进行活动。

　　然而，应该注意两个脑半球也有其相对独立性。在大脑一边受损的情况下，另一边脑半球几乎仍可以保证正常的记忆功能。

分析处理和总体处理

　　另外，根据某些经验，"口头"和"非口头"的区别并不总是足以解释两个脑半球各自扮演的特殊角色，它们的专门化可能并不只是与信息的属性有关，而且还与信息如何被处理有关。左脑半球可能负责分析和暂时的处理，以逻辑的方式或者根据表达的意思将信息分类。而右脑半球可能进行一个总体处理以建立空间关系，或者根据形态和感情的指示将信息分类。

　　无论如何，我们经常要求两个脑半球同时参与。依赖于双重编码的记忆会更有效，因此，阅读是最好的学习方法之一。

语言：左脑半球负责管理，右脑半球负责补充

　　几乎所有的右撇子和大多数的左撇子，都是由左脑半球掌控与语言相关的精神活动。但是，右脑半球也能够记忆简短的词汇，特别是有着具体意思能引起强烈的视觉图像或者负载着感情的词。一个词或者一句话的表面意思由左脑半球负责，而对其隐喻意的分析则需要右脑半球的参与。

空间：右脑半球负责管理，左脑半球负责补充

空间管理更多地依赖于右脑半球。当我们在空间中定位，或者学习一条新的路线、辨认一个标志时，如一栋楼房，将由右侧海马体及其相邻区域负责掌控。同时，右脑半球也记录了一些口头编码："在第三个红绿灯后向右拐……"

其实，每个脑半球都可能与一些特殊的定位方式有关。在一个不太熟悉的环境中，或者面对一条复杂的路线，我们倾向于自己设定一些路标默想出一张路线图，这些"路标"会刺激右侧海马体。另外，对线路的整体处理和设计则需要依靠左侧海马体。但是，这种任务的分工可能不只是人类特有的，因为这种任务的分工也能在鸡的身上观察到！

注意与信息加工

你现在正在干什么？你在阅读这些文字。即使在阅读时，你的感官也会接收到周围的信息。尝试思考一下你现在所能看到、听到、闻到和触摸到的一切。你仍能够集中精力于你阅读的内容吗？你的注意分散了，你发现很难顺利地继续阅读。这表明了注意和信息加工在执行日常事务中的重要性。

观察一下交通高峰时的十字交叉路口，我们发现交叉路口无法处理交通流量，它很快就形成堵塞。当只有一辆汽车行驶时，交通就非常畅通。你的心理情况与此相似。现在选择关注这一页的语句，你的大脑也很容易加工这一单个的信息源，因此很容易理解文章。如果你试图思考感官收集到的其他信息时，情况就变得更加复杂，大脑的加工能力有限，你无法同时加工所有的信息，就像交叉路口一样。

经常乘汽车的人常常会谈到交叉路口的"瓶颈"问题。心理学家也

用这一词汇来描述大脑有意识地加工信息能力的有限性。我们怎样来应对这一局限性呢？

你也许会认为，当你阅读这一章时，周围的事物都是无关的，甚至是分散你注意的事物，你就干脆忽略它们。也就是说，你从一大堆信息中仅仅选择相关的信息，同时忽略其他一切信息。

美国著名哲学家威廉·詹姆斯将注意描述为"利用心理占据几个可能思路中的一个"。但我们怎样选择，哪些该注意，哪些该忽略呢？我们有足够的资源来分散注意吗？或者说，如果采用迫使我们仅选择一种事物的模式，我们的注意是不是很有限呢？

想象一下你正在观赏你最喜爱的电视节目。此时，有人试图与你聊他当天的见闻。你选择聚精会神看屏幕上表演的内容，尽管你假装在倾听，甚至也听懂了一部分，但你不能完全集中精力于这个人所说的内容。

选择性注意能够让你选择某一件事来占据你的心理。如果你的注意偏离电视节目去关注他人突然所说的让你感兴趣的事情，你的注意力又会怎样呢？你也许会发现自己处于相似的境地，并因选择性耳聋而受到指责。这表明，心理在某些境况下能够关注不止一个的信息源，有时它又选择不这样做。

听觉注意

选择性听觉的研究成果已经解答了我们对如何集中注意的诸多疑问。我们的生活充满着各种声音，如果没有选择性注意，要弄懂并利用任何一种声音都是不可能的。

为了进一步做出解释，大多数研究人员使用了双耳分听任务的方法。即被试者戴上两个耳机，并且每只耳朵同时分别听不同的信息。只需要被试者对其中的一个信息做出反应，同时忽略其他信息。柯林·切利的遮蔽实验是双耳分听任务的典型例子。

切利的实验结果回答了有关集中注意这一重要问题。大脑是在什么时候选择其注意的信息呢？大脑是在集中注意之前就加工了所有信息，还是首先对信息做出选择，把其他信息留在数据"瓶颈"里不做加工呢？

双耳分听研究表明，大脑在做大量信息加工之前就选择了信息。在切利的实验中，被试者对未注意的信息知之甚少。这表明大脑在信息加工早期就对信息进行了选择。

1958年，英国心理学家唐纳德·布罗德本特在这一证据的基础上发展了一种早期注意选择的理论。他把这一理论叫作过滤论。这一理论的基本观点是：当感官信息到达"瓶颈"时，大脑就必须选择对哪个信息进行加工。未到达"瓶颈"时，大脑未对任何信息进行加工。

布罗德本特认为，感官过滤器会基于信息的物理特征来选择该信息以对其进行进一步的加工，如声调和位置。正如通过过滤器的咖啡会留下沉淀物一样，被选择的信息也会通过过滤器，把不需要的东西留在"瓶颈"里。在"瓶颈"里，信息无法得到进一步的加工。布罗德本特的过滤理论解释了双耳分听任务实验的发现。例如，在遮蔽任务中，两个信息都会到达感官过滤器，然而只有目标信息在位置的基础上被选择。这一理论也解释了切利关于集中注意于众多谈话中某一个谈话的实验。

核查姓名

现在想象你在参加一个酒会，而且精力完全集中于你参与的对话中。突然，有人提到你的名字，你的注意力会立即发生转移。你改变注意的原因不是因为你听到信息的方式，而是你听到信息的内容。布罗德本特认为，信息在到达感官过滤器之前未经过任何处理。如果真是这样的话，那么，我们为什么会对另一个随之而来的信息的意思做出反应，进而改变注意力呢？

布罗德本特的观点是建立在这一观察的基础之上的，即被试者没有有意识地觉察到未被注意信息的意义。那么，意义是否在有意识的觉察之外得到处理了呢？1975年，心理学家埃尔沙·万·莱特、鲍尔·安德森和埃瓦尔德·斯迪曼呈现了一组单词给被试者，其中一些单词伴随着轻微的电击。结果发现，即使面对遮蔽实验中未被注意的信息，被试者对伴随着电击的单词也能做出下意识的生理反应。这一实验的推论很清楚：尽管被试者没有意识听到这些单词，但他们在大脑的某个地方理解了单词的意义。

布罗德本特理论的核心是：只有经过过滤器选择的信息得到了处理，其他信息才都会被忽视。然而，我们可能会在意义的基础上改变注意力，例如，我们听到自己的名字。莱特和其他人的实验也表明，大脑一定在某种程度上处理了未被布罗德本特注意的信息，尽管人们没有有意识地觉察到这一处理的发生。

认知联系

布罗德本特的过滤理论在认知心理学的发展中具有巨大的影响。然而这一理论也有问题。我们可以依赖信息的意义转移注意，也可以对意识之外的信息进行加工。尽管这一理论有很多的优点，但它不能解释这些事实。

衰减理论

为了克服种种局限性，普林斯顿大学的心理学教授安妮·特雷斯曼发展了一种新的关于选择注意的衰减理论。特雷斯曼保留了在注意"瓶颈"上有感官过滤器的观点。然而她解释道，这一过滤器更加灵活，对信息的物理特性和意义都有依赖。而且，她放弃了布罗德本特关于未被注意的信息会被简单地忽略的观点。相反，她认为，这些未被注意的信息是衰减了，或者说减弱了，因此，被加工的程度也减弱了。然而，这一被加工的程度是如此之弱，以致实验参与者没有意识到，除非信息的意思非同寻常。

特雷斯曼的理论不仅可以解释莱特和其他人的发现，而且解释了我们基于信息意思而转移注意的能力。

布罗德本特和特雷斯曼的理论都认为，感官信息一进入大脑，记忆

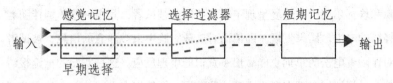

★ 这是布罗德本特过滤器选择性注意理论的简图。

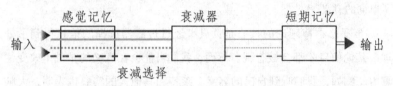

★ 图中表示的是安妮·特雷斯曼的衰减理论。该理论认为，输入信息的加工程度是由接收者对信息重要性的认识决定的。

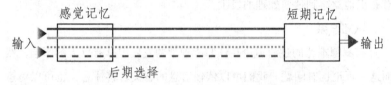

★ 图中表示的是 J. 多伊奇和 D. 多伊奇有关选择注意的后期选择理论。输入信息只有在到达短期记忆后才能被选择。

力"瓶颈"就会在大脑对信息加工之前出现。另一个假说认为，大脑对信息做出选择之前就对接收的所有信息进行了处理。心理学家 J. 多伊奇和 D. 多伊奇在 1963 年提出了一个观点，即所有信息只有经过大脑完全处理后，我们才能意识到该选择哪条信息。

这一选择注意的"后期理论"也能解释莱特的发现和我们转移注意的能力，但却与特雷斯曼的理论相对立。后来的研究表明，早期和后期选择注意理论之间的差异也许需要彻底改变。因为注意运行的方法是可变动的，信息选择的方法取决于具体环境。例如，当输入的信息都相似，输入速度较慢，而且无须对信息加工的本质或者方向做决定时，后期选择理论许更正确。相反，没有以上因素影响时，更正确的也许是早期选择注意理论。

搜索

到目前为止，对于集中注意我们已经探讨了利用大脑有限的信息加工资源从感官不断接收的大量信息中选择何种信息的方法。但是如果你要搜索某个具体的事物又会怎样呢？在某个环境下搜索一个你并不清楚的事物，如在繁忙的机场寻找你要接的亲戚或在拥挤的酒会上寻找你想聚的朋友。你怎样才能从所看到的人群中筛选出你要找的亲戚或朋友呢？你要克服哪些困难呢？

心理学家使用"视觉搜索"的实验回答了这些问题。在继续阅读之前试着做下面两道视觉搜索练习题。毫无疑问，你的结论是：找到字母 O 比找到字母 T 容易。为什么会这样呢？因为字母 T 和字母 L 有相同的特征，即都有一条横线和一条竖线，唯一的区别是两条线相交的地方不同；而字母 O 和字母 L 没有相同的特征，因此容易找出来。

特征整合理论

对诸如此类的问题，有人认为目标字母会从周围字母中"跳"出来。这一用来解释视觉搜索和其他发现的主要理论是由安妮·特雷斯曼在 1986 年提出的，被称为特征整合理论。

特雷斯曼的理论认为，当你看见一个视觉情景时，你就会创造出描绘此种情景的一系列"地图"。例如，当你看见本书中的字母表时，你就会创造一个地图，表明所有的横线在哪里、所有的竖线在哪里等。如在字母 L 里有字母 T 的情境中，你必须在心里搜寻这些地图，把每一个位置的横线和竖线都结合起来，直到找到不同的那个字母。而对于在字母 L 中找到字母 O，由于没有相似的特征，就无须经过费时、费力的特征整合阶段，搜寻起来就快得多。字母 T 和字母 O 是目标元素，它们就是观察者必须从背景元素中找出的元素。

特雷斯曼为支持她的理论，提出了一个叫作错觉关联的现象。如果你向大街上望去，你就会创造出许多心理地图，一个地图描绘横线在哪里，另一个描绘所有的红色物体在哪里，等等。于是你需要整合这些

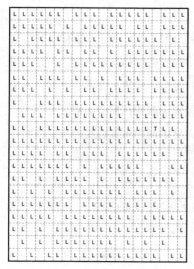

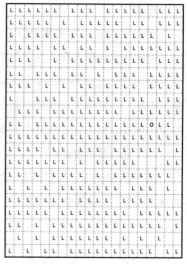

★ 试着找到字母 T，找到后再看右表。

★ 试着找到字母 O，你会发现比左表容易，因为与周围的 L 相比，字母 O 比字母 T 更加突出。

地图，以致你看见的是一辆红色的汽车，而不是个别的特征。这需要注意，在繁忙的情景下还需要足够的注意资源才可以整合这一部分的特征。在这部分之外，整合显得很随意，有时甚至特征被错误地整合起来。例如，你用余光看见的一辆（非白色的）经过白色商店的汽车会被错误地看成是白色的汽车。特雷斯曼的理论已经激发了人们的研究热情，例如，研究者仍然在做有关结构或形状特征的感知实验。

相似性理论

特雷斯曼的理论受到了更为简单的相似性理论的挑战。这一理论是由约翰·邓肯和格利姆·汉弗莱斯在 1992 年提出的。特雷斯曼的理论无法解释汉弗莱斯和 P.T. 昆兰在 1987 年的研究结果。他们认为，识别某个特征所需的时间取决于识别该特征所需的信息量。相似性理论认为，视觉搜索的难易度是由目标图像和其他吸引注意的图像（分散注意的图像）的相似程度决定的。因此，在这两个视觉搜索练习中，字母 T 比

44

字母 O 更难寻找，因为字母 T 的形状与分散注意字母形状更为相似。目标字母和分散注意字母的形状越相似，找到目标字母的难度就越大。

相似性理论也认为，分散注意的图像之间越相似，视觉搜索就会越困难。在小写字母中找到 b 比在大写字母中找到 B 要容易，因为大写字母之间有更多的相似性。搜索效果与分散注意图像之间的相似度存在函数关系。根据这一理论，视觉搜索仅仅是个相似性的问题，不存在任何特征整合过程。对这一理论的主要批评是：相似性是一个模糊的概念，对什么是相似性没有统一的标准。

有时我们想要同时做一件以上的事情是容易的，如边开车边聊天。然而，要在做复杂数学题的同时背诵诗歌简直不可能做到。

我们试图同时完成一项以上的任务时，我们就把大脑有限的信息加工资源分配给了不同的任务。有的任务容易，有的任务难。这取决于两个方面：一是这两项任务的相似程度；二是我们对任务的熟练程度。尽

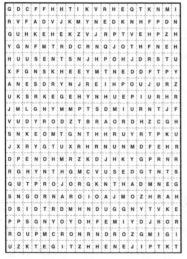

★ 在此表中找到字母 B，找到后再看右表。

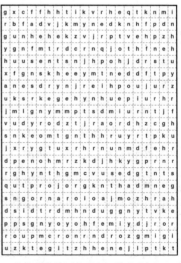

★ 在此表中找到字母 b，你会发现比左表容易，因为小写字母的形状比大写字母更容易区分。

管大脑的容量有限，只要两项任务都没有超过大脑一般和特殊资源的限度，大脑就可以同时完成它们。

分散注意和集中注意

在探讨任务相似性对分散注意的重要性之前，我们首先考察一下大脑信息加工资源及其分配情况。执行不同的任务是不是使用不同的心理资源呢？如果执行所有任务涉及的仅仅是同样普遍适用的心理资源，那么任务的性质不再重要，所有的任务将平等竞争现有的心理资源。然而，如果信息加工资源因任务不同有所差异的话，执行不同任务时，我们很容易同时完成它们（如边开车边聊天），使用相似的心理资源时（如边看书边聊天），就不易同时完成。

许多研究表明，任务相似时，分散注意就比较困难。没有哪项任务是完全直截了当的，但你肯定会发现，边听收音机或电视上的谈话边找元音比较困难，因为两项任务都涉及语言处理。在1972年《实验心理学季刊》发表的一个实验中，D. A. 奥尔伯特、B. 安东尼斯和 P. 雷诺德要求被试者复述一篇文章的一个小节。同时要求被试者通过耳机听一组单词或者记住一组图片。被试者的单词记得很差，却很好地复述了文章和记住了图片。这是因为执行相似的任务需要争取我们的注意，因而会相互干扰。

两项相似的任务很难同时执行的事实支持了这一观点，即大脑信息加工资源因任务不同而相异。这就是我们为什么能边开车边聊天，边听音乐边写作的原因。然而，当汽车行驶到繁忙的交叉路口又会怎样呢？我们在进行重要谈话的同时还能处理安全通过交叉路口的信息吗？即使任务不同，我们也不能同时完成复杂的任务。这表明，我们大脑的有些信息加工资源对所有任务是普遍适用的。这就涉及边开车边打电话的情况。这时，普遍适用的注意资源就会从执行开车任务转向打电话任务。

如果你演奏乐器、学跳舞、进行体育运动和从事诸如此类的技巧性活动时，也许有人会告诉你：熟能生巧。我们知道学习某种技巧时，我们会做得更好。但这与分散注意有关吗？

我们谈到边开车边聊天很容易做到。但这是对有经验的驾驶者而言的，新手边开车边聊天几乎是不可能的。因此，在两个我们熟练的任务中分散注意比较容易。要想明白为什么会这样，我们必须仔细地考察一下要执行像边开车边聊天这样的任务时会涉及什么。

到目前为止，我们把开车这样的事看成一项任务。真的如此简单吗？驾驶任务涉及必须注意速度、路线、方向、前后的车辆、潜在危险（如走在人行道上的小孩），等等。能说这是单一的任务吗？也许驾驶本身就是注意分散的一个例子。聊天也一样，必须控制嘴唇的运动，处理耳朵接收到的信息，还要决定该说些什么。实际上，任何任务都可以看成是小型子任务的集合。

学习驾驶时，所有的子任务都是分开的。你必须思考道路的弯曲情况，思考怎样使用后视镜相应地调整方向盘，思考怎样控制速度等。当新手正在注意复杂路况（如交叉路口）时，他们也许忘了该用多大的力量踩刹车以减缓车速。思考这么多的子任务会用尽他们的注意资源。一旦掌握驾驶技术后，开车就变成了一项单一、有组织的任务。有经验的驾驶者能在让子任务互不干扰的情况下处理好它们。

每学习一项新任务时，你都会或多或少有意识地在子任务之间分散注意，这需要大量的信息加工资源。如学习拉小提琴，演奏C调时会涉及：

从乐谱上阅读正确的音符；

使用正确的琴弦；

手指正确地放在琴颈上；

用琴弓拉动琴弦。

小提琴新手必须考虑到每一步。经过大量的实践后，经验丰富的小提琴手只需简单地看看音符C，在没有注意到相关子任务的情况下就会拉出声音。这只需要一小部分注意，就有足够的注意用来执行其他任务。小提琴家利伯雷斯在表演时经常一边拉小提琴一边和听众聊天。

看来，对某项任务进行大量训练后，我们就擅长了，再执行这项任务时就不需要用尽注意资源。这项任务不再是有意识的控制行为，相反地，会成为自动行为。例如，我们小时候也许要思考走路或骑自行车所涉及的每一个子任务，现在都变成自动行为了，根本无须思考。实际上，一旦成为自动行为后，想要阻止它都很难。这就是"斯特鲁普效应"的核心。"斯特鲁普效应"是用来研究自动化的任务。

人类自动驾驶仪

你曾经在周末走出家门时像工作日那样径直上学或上班吗？如果自动这样做的话，我们称之为坐上自动驾驶仪。我们无须有意识地控制行动，就像飞行员坐上自动驾驶仪无须手工操作飞机一样。完成这些任务不再需要我们有限的注意资源，因而自动行为非常有用。

为什么会发生自动化呢？约翰·安德森在 1983 年提出，在练习中，人们对该任务的每项子任务越来越擅长。如在学驾驶汽车时，控

控制加工与自动加工的特点

控制加工	自动加工
需要集中注意，会被有限的信息加工资源阻抑	独立于集中注意，不会被信息加工资源阻抑
按序列进行（一次一步），例如转动钥匙、放开刹车、看后视镜等	并行加工（同时或者没有特别的顺序）
容易改变	一旦自动化后，不易改变。如由左手开车变为右手开车
有意识地察觉任务	经常意识不到执行的任务
相对耗时	相对较快
经常是比较复杂的任务	较简单的任务

制刹车、使用后视镜等的能力在提高。最终这些子任务会合并成较大的部件，因而，控制刹车和使用后视镜无须再分别思考就可以同时完成。这些较大的部件进而继续合并，直到整个任务变成单一的、整体的程序，而不是单个子任务的集合。安德森认为，当子任务完全融合成单项任务时，任务就自动化了。这一切发生得就像汽车换挡一样自然。

事件关联电位

另一个可选方法是使用脑电图。心理学家能够使用脑电图来记录大脑电脉冲的变化。有时，人们一看见或听见什么后，大脑电脉冲的情况马上就能记录下来。这种记录叫作事件关联电位，因为它们是大脑对某些特定事件的电位反应。

从 1988 年到 1992 年，芬兰赫尔辛基大学的认知神经科学家里斯托·纳塔，通过使用事件关联电位的方法做了许多实验。纳塔的实验表明，我们确实对刺激做出了反应，例如，在遮蔽任务中未注意信息的非常小的变化。然而，这对控制遮蔽任务没有影响，而且经常是无意识地出现。这些发现支持了有些自动简单的信息加工无须注意资源就可以发生的观点。

我们从对正常"被试者"的成像和记录中学到了很多的知识，我们也可以通过研究不能正常进行注意信息加工的人学到更多的知识。我们知道，注意是所有认知任务的核心，我们需要它来感知感觉信息以集中思考，避免干扰。毫无疑问，大脑的紊乱会影响注意。这些条件是怎样影响注意，我们又能从像大脑受伤、注意加工受损的情况中得到什么教训呢？

想象一个叫比尔的虚构人物的真实情况。比尔的个案研究是脑卒后视觉忽视综合征病人的典型情况。脑卒或者大脑的其他损伤都会导致大脑某一部分的伤害（像比尔一样右脑的损伤比例比较大），会使患者无法对侧视域的物体做出反应。比尔的例子显示了视觉忽视综合征的所有主要特征。

忽视左边空间的倾向与患者不能运用左边身体相联系。比尔确信他抬起左手拍手了，他抬不起左手不是因为身体残疾。视觉忽视综合征患者根本注意不到左边，也忘记了左边的存在。这不是因为身体动力障碍引起的，他们注意不到左边的视觉刺激也与感觉障碍无关。视觉忽视综合征不是视觉或动觉的失调，而是经历和反应的失调；不是感知的紊乱，而是注意的紊乱。简言之，视觉忽视综合征患者对左边世界"选择性不注意"。

视觉忽视综合征患者最为鲜明的特点是他们不会意识到没注意到的那边。他们并不认为"我注意不到我的左边"，实际上，他们的左边就好像根本不存在。

疾病感缺失

拒绝承认自己有病是疾病感缺失的症状，意味着根本不知道自己有病。视觉忽视综合征是一种注意紊乱，它的鲜明特征是疾病感缺失。

波斯纳和同事们研究了视觉忽视综合征患者的注意。经研究发现，在注意任务中，不能指令这些人去注意他们忽略的那一边。根据研究，他们提出了三阶段注意模式。要注意某个刺激，我们必须：

（1）偏离目前的注意焦点。

（2）将注意转向新的地方。

（3）注意新的任务。

视觉忽视综合征患者对第一阶段的任务存在疑惑，例如，他们无法偏离视域中的右边以集中注意于左边。

注意缺陷障碍

视觉忽视综合征患者无法偏离右边以注意左边的刺激。然而注意缺陷障碍与波斯纳第三阶段模式有关。视觉忽视综合征患者发现很难将注意集中于任何一项任务。

美国大概有 4%～6% 的儿童患有注意缺陷障碍。这是由于信息加工的注意控制不成熟或功能失调导致的。很多情况下，不成熟会随着时间的推移有所改善，但大约仍有一半人在成人时仍会有问题。注意缺陷障碍的特征是集中注意于某项任务存在困难。这就使注意缺陷障碍患者很容易分心、冲动和亢奋。他们的注意问题也导致他们无法将生活、思考、情感与行为联系起来，进而导致行为碎片化。患有注意缺陷障碍的孩子上学时很难集中注意力。有人认为，当大脑控制和指示注意的区域不成熟或者不完全"在线"时，注意缺陷障碍就会出现。正电子发射断层显像研究表明，注意缺陷障碍患者的左脑活动有所减少，尤其是前扣带皮层的活动，因为大脑的这部分与注意集中有联系。经观察，前脑叶（该部位与意识有关联）和上听觉皮层（该部位将思维和知觉整合起来）的活动都有所减少。许多思想、感情和信息都会竞争注意资源，而且处理它们的机制也出现了问题。

为控制注意缺陷障碍的症状，医生给许多孩子开了像哌甲酯这样的药物。这与苯丙胺基本相似。20 世纪 90 年代末，美国使用哌甲酯的数量增加了 150%。目前，美国使用哌甲酯的用量是其他国家使用总量的 5 倍多。哌甲酯是通过提高大脑皮质神经传递素，尤其是多巴胺的数量来起作用的。神经传递素的不断作用刺激了注意缺陷障碍患者的大脑皮质，包括大脑不活跃部位的活动。这就使大脑能够集中注意，并且将感觉信息、思维和行动拼合起来，从而提高注意力和减少干扰。

记忆的类型

短时记忆

了解短时记忆最简单的办法是把它当成存在于我们意识中的信息，它是对我们最近所经历的一些事情的记忆。短时记忆是一个工具，我们用它来记住电话号码，以便有足够长的时间去拨打电话，或者记住去一个不熟悉的地方该怎么走。

记忆过滤

我们通过感官将信息摄入大脑。我们的意识只允许我们需要的信息通过——其他的就被过滤掉了。可能现在你就坐在客厅里，关心的只是你在读的书。暂停一下，并感受一下你身边的声音——也许是你的伙伴翻报纸的声音、隔壁孩子玩耍的声音，或者是你的电脑一直不断地"嗡嗡"的背景音。

现在让你的注意力重新回到书上来，渐渐地那些声音又会变得无关紧要，于是也就不会让你分心，你的短时记忆又集中到了阅读上。这种过滤是记忆系统中至关重要的一部分，因为它让你避免因为无关的信息而负载过度。

短时记忆的容量

短时记忆的容量是有限的，大约七个空间，或者叫"意元"。例如，你可能记得住七个人的姓名，可一旦有更多的姓名，你就会开始遗忘。要使某样东西保持在你的短时记忆中，你就必须对它进行加工（有时也称之为加工记忆）。例如，你查到了一个电话号码，你必须将它自我复述，以便能记住足够长的时间来拨打，这被称为再现。仅仅几分钟后，

突破短时记忆局限的策略

为了突破短期记忆的局限，我们发展了一些有效的策略。

以大声说出或者默念的方式重复信息。

打电话时，对方在做自我介绍，你可以不断默念他的姓名直到能够在通讯录上写下来。

当所要记忆的元素超过 5 个时，可以采用重组的方式。

例如，将电话号码分为 2 个一组或 4 个一组，会更容易记住。

58 81 58 42   5881 5857

在想要记住的信息与已经知道的信息之间建立联系。

比如，在记忆数字 417893 时可以先找出 1789，法国大革命开始的时间。

你意识中的这个电话号码就会被其他新进入的信息所代替。

对信息进行编码

信息以下列几种方式进行编码后进入我们的短时记忆。

形码：我们试着将人名生成图像。这种图像在几分钟后会开始淡去，除非我们使之保持活跃。

声码：这是一种最普通的技巧，使信息在我们的短时记忆中保持活跃。它包含重复信息，如姓名或数字。

意码：在这里我们运用了某些有意义的联系，如思考一个有着同样名字的熟人。

注意力

短时记忆是短暂的，而且容易被打断。所以，注意力是能否让有关事情保持在脑海中的一个重要因素。它可能只有在你分心时出现，让你感到你在"有意识地"进行记忆。下面是两个普通的例子。

电话号码

你在电话簿里查了一个电话号码。可正当你要拨这个号码时，你听到有人进来了。你可能就需要再查一下这个号码。这是因为你正在活跃的记忆已经被打断而暂时失去了注意力。

"我到这儿来干什么？"

你正在客厅整理一些文件并想要一个订书机。当你走向书房拿订书机时，你开始思考晚上的晚饭你应该做什么。当你走进书房时，突然发现自己想不起来为什么去那里了。很简单，你只是又一次分心了。

潜意识记忆

有些信息可能在我们不知道的情况下通过了过滤而进入记忆。在20世纪60年代，电视广告制作者提出了"潜意识广告"这样一个聪明的理念。例如，某个产品的图片、某个特定品牌的衣物清洗剂，会在电视屏幕上非常短暂地"闪现"。它可能在任何时候出现，甚至出现在一部电影的播出中间。它出现的时间很短，以致我们不可能有意识地注意我们看到了什么，但是，我们的记忆已经下意识地储存了这幅图片。

当下一次我们走进超市时，就会对这个品牌的衣物清洗剂有似曾相识的感觉，就会将它同其他产品分辨开来，从而使商家达到了促销的目的。

长期记忆

长期记忆能够帮助我们回忆或者再认出那些在几分钟、几个小时或者几年前获得的信息。它包括情景记忆——储存的是那些构成你的自传的一系列生活事件；程序性记忆——储存的是那些使你能够从事机械运动（如骑自行车）的信息；语义记忆——你的关于这个世界的知识宝库。

当你使用那些为了某个特定任务而被永久储存的信息时，就会发生信息从长期记忆到短时记忆的转移。举例来说，当你要做一道几天前被详尽地解释过烹调方法的菜时，要做到记住配料和说明而不看任何笔记，就必须对它特别感兴趣，并且有很强的动机。

为了使信息不仅停留于短期记忆中，还有必要把信息传递到另一个更持久的系统中。长期记忆具有我们认为几乎无限的能力，它能够在一段时间后重组信息———次会面、一个数学公式，或是游泳的动作——从几个小时到几天、几年，甚至有时长达几十年。

两种不同的记忆方式

极少有人埋怨说忘了如何爬楼梯、如何从一个椅子上站起来或者如何刷牙。日常生活中人们对记忆的抱怨大多数是无法想起某个人的名字、某个字，或者一件近期发生的事。在个人经历方面，一个具有遗忘障碍的人将面临更大的困难。为了更好地解释这一现象，心理学家安戴尔·图勒温和拉里·斯里赫定义了两种不同的记忆方式。

陈述性记忆

"你去年去过哪个城市？""谁是现在的农业部部长？""《英雄》的作者叫什么名字？""恺撒是在哪一年死的？"这些问题，我们可以用一个词或者一句话来回答。当然，我们也可以写出答案，在某些情况下还可以画张图或是在一张照片、卡片上指出来。但答案通常是基于对经历过的或者学过的东西有意识地回忆，并且能够通过口头的方式表述出来。这就是为什么称其为陈述性记忆的原因，也可以用"精确记忆"这一术语。

非陈述性记忆

操纵电视遥控器、使用厨房用具、骑自行车、系鞋带或者仅仅是走路，这些行为都不需要我们有意识地回忆相关的姿势或动作。虽然我们

不同的记忆类型

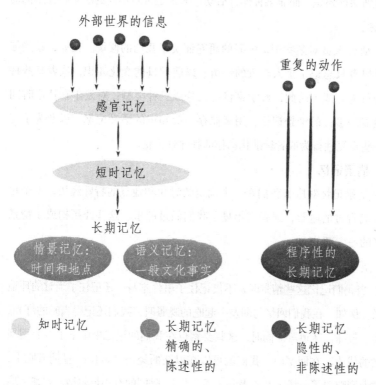

外部世界的信息

重复的动作

感官记忆

短时记忆

长期记忆

情景记忆：时间和地点

语义记忆：一般文化事实

程序性的长期记忆

知时记忆

长期记忆精确的、陈述性的

长期记忆隐性的、非陈述性的

★ 为了描述记忆的类型，心理学家设计了一个空间模型，如同一张房屋地图，每个房间代表一种记忆类型。

可能记得当初学习这些行为时的情景，但更多时候我们只能以非常简单的方式对这些行为进行描述，并且倾向于演示示范。为了解释自由泳时腿的动作，游泳教练更多地会进行动作示范，而不是用长篇大论来解释。出于这个原因，这种记忆形式被称为非陈述性记忆或者隐性记忆。

从生活事件到日常例行公事

1993 年 4 月 11 日我们去过纽约，骑自行车的方法……所有这些例子都体现了对行为的记忆，但只有第一个例子是唯一真实发生过的，其他的例子似乎和个人特殊经历无关。虽然我们在日常用语中应用"学习骑自行车"这种表述，但当我们涉及"学习"这个词的时候，更多会联想到在学校学到某种知识，而非某种体育活动。那么是否对不同的事物存在不同的记忆呢？

研究人员对某些记忆障碍的研究证实了我们的假设。比如，某些健忘症患者只忘记了个人新近的经历、以前学过的文化知识，或者某些特殊的行为方式。由此，科学家将记忆分成三种类型：对发生在特定时间和地点的事件的情景记忆，用来储存一般知识的语义记忆，以及为了完成一些重复性行为或者标准化动作的程序性记忆。

情景记忆

情景记忆对应着我们在一个确定的时间和地点的特殊经历，上个星期我们看过的电影，或者去年夏季我们做过的事。这些经历构成了情景记忆的一大部分。

记忆的诞生

当我们记忆这些情景时，不仅记住了事件本身，还记住了当时的环境背景。例如，在我们回忆与朋友一起吃的晚餐时，我们还记得当时的灯光、声音、气味、味道等。同时，这些要素也在我们的记忆中留下了以后用来回忆的线索。在回忆时，我们就可以在以往的经历中定位："星期五晚上，我去大剧院看了一场极好的表演《图兰朵》，陪同的有小贝尔纳、安娜·玛丽、吉尔伯特、丹尼尔和雅克。"当然，对这样一个事件的记忆也保存有情感的因素。正如伏尔泰观察到的那样："所有触动内心的，都刻印在记忆中。"

记忆就这样保存着事件的主要方面，然而背景线索并不位于大脑的一个确定区域。因此，记忆的程序一点也不像以前描述的那样：在一个"仓库"里储存着记忆，每一个都有其特定的位置，当我们需要的时候就"去那儿找"。

事件的不同方面存在于大脑的不同区域

我们在记忆时大脑是什么样子的？比如，在7月的一个早上我们看见花瓶里插着玫瑰时。首先，对这个场景的感知需要我们不同的感官共同参与：嗅觉感知玫瑰的香味，视觉记录它的形状、颜色和在花瓶中的位置以及花瓶在房间中的位置。接着，形成各种记忆痕迹。有关玫瑰花香的记忆将存储在大脑的嗅觉区域。如果我们被玫瑰花刺扎了一下，感受到的疼痛记忆将存储在大脑的另一个区域。关于地点和时间的信息则被存储在大脑的前部……

大脑各个区域间连接的建立归功于神经元网络，每次记忆一条信息时神经元网络都会被激活。而在回忆时，右额叶会从神经元网络中的不同记忆痕迹出发，进行对场景的重组。

寻找遗失的记忆

有时候寻找遗失的记忆过程需要很长的时间并且很困难，因为必须要重新激活与之相连的全部神经元网络。但有时一个线索就足以唤回全部记忆。正如马塞尔·普鲁斯特的《追忆逝水年华》中所描写的，一小块浸入茶水中的玛德兰娜蛋糕唤醒了故事叙述者在贡布雷的整个童年世界，因为雷欧妮阿姨在给他一块相同的蛋糕之前把蛋糕浸入椴花茶中。

另外，分散储存使得记忆更稳固——大脑部分区域受损极少会造成一个人的全部记忆消失。但是，随着时间的推移，某些记忆痕迹的功用改变或者消除了，于是回忆变得很困难。

语义记忆

大脑中其他被储存的信息普遍发生在学习的环境背景下，即一般的常识，如《罗密欧与朱丽叶》的作者是谁，意大利的首都在哪里……我们从多种渠道获得这些知识，如果这些知识只具有一般的性质，那么当时的学习背景会逐渐从我们记忆中消失。例如，我们很少能想起第一次听到"莎士比亚"或者"罗马"这些词的地点和时间。

有时候，关于时间和地点的记忆痕迹可以帮助我们找到一时遗忘了的东西：我们想起在一本什么样的杂志上读过，要找的东西就在某一页的上方。

什么样的信息储存在语义记忆中

语义记忆存储的不仅是百科知识，或一般知识性的问题，还储存了个体在一段时间内的生活事实。借助语义记忆，我们可以给物体命名并将其归类（锤子、螺丝刀、锯子属于工具类），或者给某个种类列举例子（属于昆虫的有蚂蚁、瓢虫、蜜蜂等）。同理，当我们需要记忆一系列混乱无序的词时，我们可以先将其分类，这样就能更容易记住了。

对知识进行的良好组织

事实上，语义记忆中储存的知识相互联系着，按照逻辑与用途的不同，形成复杂的网络。例如，当我们想起"大象"这个词时，其他的概念（大象的颜色、形态或者与它相关的历史）也同时处于活跃状态："大象身躯庞大，它是灰色的，有两个大耳朵、一个长鼻子和两颗大牙，重量可达到 6 吨，拥有超强的记忆力。公元前 3 世纪，汉尼拔骑着大象穿越了阿尔卑斯山……"

实用性知识的组织形式不尽相同。特别是在日常生活中，涉及一系列规范性的连续动作，如准备早餐、购物、组织聚会等。根据早已建立好的内在逻辑顺序，这些日常规律性的活动一旦开始，接下来的各个步骤便接踵而来，而不需要"图示"或者"脚本"。为了准备早餐，只需要开始第一个动作——往咖啡机里倒入水，这之后就不再需要任何注意力

语义记忆的存储形式

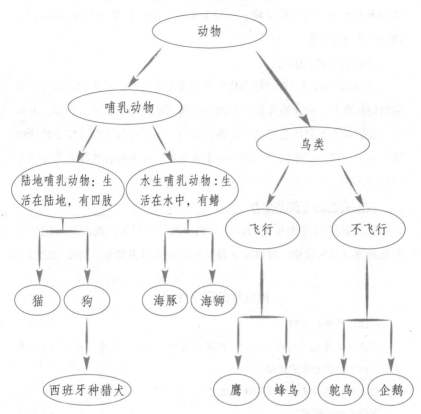

★ 在语义记忆中信息是以树形图的形式存储的，每一个类属都存在一个代表性例子，如海豚是水生哺乳动物的代表。

了，接下来的动作会自动执行，我们可以在这段时间去想别的事情。

程序性记忆

第三种记忆类型通常在很大程度上脱离意识，如骑自行车、打网球、弹钢琴、进行心算、母语的正确使用，以及玩扑克牌等，这类活动一般都基于潜意识的记忆，所以很难对其进行详细的描述。这类活动的学习过程通常很漫长，需要经过无数次的练习和重复，而一旦掌握就很难忘记。但某些复杂的活动仍需要坚持实践：一个钢琴家如果不经常练习，他的演奏水平就有可能下降；一位高水平运动员如果缺乏常规的训练，他的成绩也将下滑。

例行公事性的任务

在日常生活中"自动性动作"扮演着重要角色，让我们可以完成复杂的例行事务，而大脑却保持空闲去面对无法预知的状况。例如，开车时，我们并不十分注意控制方向盘、油门、指示灯等，直到发生特殊情况——一个孩子试图横穿马路——才需要我们动用所有的注意力并结束"自动驾驶"。

按照我们的习惯和偏好

潜意识的程序也是我们许多习惯和偏好的根源。我们能够记住一系列同等商品的价格，可以在比较某种商品时作为参考，如哪家超级市

测试你的程序性记忆

阅读镜子里的文字

皮克威克先生感到有些焦虑，他发现两个朋友常常缺席，并且想起整个早上，他们的行为非常神秘。

尝试尽可能快地读出上面这段文字。

在镜子中的图画

把你的书对着镜子，尽可能快地用笔把镜子中的这两幅图画在一张纸上。

★ 借助程序性记忆，我们能毫无困难地进行阅读或者绘画。但当我们不按常规的方式进行时，困难就出现了，如阅读镜子中的文字。

场里的苹果更便宜。当我们不能够直接地应用这些程序时，如由于货币的改变或者临时居住在外国，我们会特别不相信自己的判断。尽管早在2002 年年初就开始推广欧元了，可是许多法国人仍然继续用法郎进行"思考"，特别是对非日常用品，如房子或者汽车。

典型的适应状况

在吃完一种特殊的食物（如牡蛎）后，我们生病了，从此只要看一眼这种食物就可能恶心。生理学家巴甫洛夫的实验中，铃声一响起，那条已把铃声刺激同下一餐的来临结合起来的狗就开始流口水。在人类身上也能发现类似动物的这种典型的适应状况，这类适应状况有时候与由于特殊原因引起的害怕或快乐感有关。例如，如果我们曾被野兔咬伤，即使身处距离发生事故很远的地方，但是周围的树木或者气味与之相似，我们也可能会心跳加剧。

诱饵效应

我们也会无意识地记住一些信息（如对话者领带的颜色），在以后某个需要的时刻，这些信息能够帮助我们更快或者更容易地回想起当时的情景，但是这些信息与我们有意识记住的信息具有不同的确定程度（"你的领带好像是红色的"）。

为了描述这一现象，科学家提出诱饵效应。例如，一个填字游戏的答案是一条定义（比如生产、出售豪华家具），突然我们想到了一个在完全不同的背景下出现过的正确答案（"细木工"）或者类似的答案（"木工"）。有时候，这样的潜意识记忆让我们兜了"一圈"：我们以为自己找到答案了，事实上，答案是通过我们以前读过的一篇文章而得到的，只不过我们早已忘记自己读过那篇文章。

长时记忆

如果某个短时记忆重要到有必要保持得久一些，它就要被存储到长时记忆中。为了对长时记忆是如何工作的有个了解，想象一下某个记忆从前门进来，穿过走廊（短时记忆），然后来到一个房间被分类和存储。

这个"记忆存储库"非常大，它有着许多相互连接的房间，以及几乎是无限的容量。

记忆的再现

记忆的存储虽然不如图书馆那么整齐，但也是有组织的。当我们想要再现信息时，就需要搜索它。有时我们发现马上就能找到，有时则需要较长的时间。

偶尔，你可能根本找不到你想找的。这是因为你学得越多，在你想要再现信息时，就会越难。好比有一袋玻璃球，如果只有几个玻璃球，相互之间就很容易区分。袋子里的玻璃球越多，就越难将它们相互区分。

再现失败

有时我们会无法再现确定已知的信息。

"舌尖"现象——你确信自己知道问题的答案，就是不能完完全全地将它说出来。

编码错误——有时我们发现想要在以后再现的信息编码不准确。你认为自己已经理解了某件事情，可当你想要给别人解释这件事情时，却发现自己并没有想象中理解得那么好。

自传性记忆

对于大多数人而言，"记忆"一词最先能让我们想起的是个人世界，我们自主地保留着对自己实际经历过的事件的记忆。然而，简单观察一下就会发现，这种记忆不仅仅由一系列实际发生过的事件组成。

自主与不自主记忆

当我们回忆过去时（如很久前与朋友的一次晚餐），经常需要几秒钟的时间才能想起细节。事实上，我们先要经过一般性的回忆进行确认，如是在生命中的哪个时期发生了这一情景（我们是学生的时候），然后上溯到同一类属的事件（在这个时期与朋友的聚餐）。就这样以精神努力为代价，我们找回当时的片段。这个过程有时非常艰难漫长，需要集中注意力有意识地进行记忆重组。一些记忆可能被扭曲，而承载着深厚感情的（我结婚的那一天）往事就能够快速地被想起。

对许多往事的回忆都是由一些同时出现的特殊迹象引发的：一种气味、一种味道、一段旋律、一个词语，或者一种想法、感情或思想状态。在马塞尔·普鲁斯特的小说《追忆逝水年华》中有许多这类的描述：玛德兰娜蛋糕放入一杯茶水中、从佩塞皮埃医生的汽车中观看马丁维尔的钟楼、在香榭丽舍大街能闻到一种公共洗手间的气味、勺子与餐碟碰撞的声音……作者用了"自主"和"不自主"这两个词来区分不同的记忆重组方式。

情景记忆和语义记忆之间的差别

情景记忆使我们能在脑海里重温某些情景，有时伴随着发生在特定时间和空间里的细节（我在学校上的第一节课）。这些记忆再现通常由心理图像引起，但是我们也能找出和当时有关的感情或情绪。

在语义记忆中，关于我们自己的信息（周围人的名字、我们的爱好等）和一般事件的信息（我们在乡下过的周末、在学校的生活等）是以互补形式存储的。因此，重溯一般性事件其实是为了找回拥有共同特点的特殊事件。不容忽视的是，情景记忆和语义记忆之间存在着相互过渡和转化过程。

演员的视角与观察者的视角

受情感影响的事物被持久地保存在我们的记忆中，这些情感的印记以强烈的再现感为特征，即表现为确切意识状态的再现。在这种情形下，我们倾向于依靠记忆中所保存的和最初事件相同的观点来重现片段。这种"演员的视角"被认为结合了片段记忆，而"观察者的视角"（就像我们看电影那样）则更多地体现出语义记忆。

年龄与自传性记忆

一般来说，情景记忆历时越久，就越难以被忠实地保存，但是也存在许多例外。在3～4岁前，记忆是罕有的（儿童记忆缺失）。10～30

岁之间构筑的记忆能保持得较为生动。40岁后这些记忆将在回忆中占相当大的比例，心理学家称之为"记忆重生的顶峰"。因此，人生的这个阶段对构筑我们个人的特征具有重大意义。衰老对我们重温特殊事件（情景方面）是不利的，但却不影响我们回忆一般性事件或者个人资料（语义方面），如周围人的名字。

承载着深厚感情的事件通常能被很好地保存，然而，太强烈的感情有时会导致相反的效果。例如，抑郁有时候会引起情景记忆的衰退。

近事遗忘症

自传性记忆可能遭遇的主要障碍是近事遗忘症（一种由突然的脑部损伤引起的对既得信息的遗忘），这种病症可能影响识别能力。情景记忆的缺失是这种病症的表现之一，但语义记忆通常不受影响。一些解剖学和临床数据以及功能图像显示，在回忆自传性的情景时，额叶和颞叶右前部的连接处扮演着重要角色。

年龄与自传性记忆

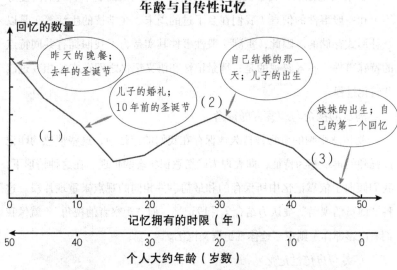

★ 这个曲线展示了一个人在50年里，其自传性记忆随时间推移的变化趋势。可以看出，随着时间的推移，记忆的数量在减少（1），在10~30岁编织了最多的记忆（2），而在3~4岁前个人记忆几乎缺失（3）。

如何评估自传性记忆

可以通过多种方式来测试自传性记忆受损或者保存的能力，最常用的诊断方式是关于不同生活阶段的问卷调查。除了最近的 12 个月，童年到 17 岁、18～30 岁、30 岁以上、最近的 5 年，都被认为是特殊的时期。医生或者心理学家详细地询问被测试者在每个生活阶段发生的特殊事件（如一次印象深刻的相遇），并且让他们说出具体的时间和地点，然后将结果与其他家庭成员提供的信息做比较。

其他测试方法还有向被测试者展示一系列的词（街道、婴儿、猫等），然后要求他们说出第一次接触这些词的情景，并确定具体时间；又或者评估他们表述一系列情景的能力。测试较少用个人线索（照片或者家庭事件）来引发回忆，但是得到的结果与其他的测试方法几乎无差别。

感官记忆

外部世界带给我们的感觉信息构成了我们的记忆，我们的五种感官——视觉、听觉、触觉、嗅觉和味觉是记忆的主要入口。但是，通过感官感知而记忆的东西绝不能和相片或者录音磁带相比。感觉信息在大脑深处被分析，然后彼此之间建立联系，在与其他信息比较后，被烙上感情、形态（地点）和时间的（日期）印迹。一般来说，这些程序在每个人身上都是一样的，但是每个人的感官能力似乎并不相同。

感官的专业化与缺失

受雇于赌场的能够过目不忘的人、拥有绝妙的听力的音乐家、拥有特别敏感的鼻子的香水调剂师等，我们都知道或听说过这种拥有超常视觉、听觉或者嗅觉记忆的人，他们某方面的感觉能力强于一般人，然而能用触觉或味觉创造价值的人就较少见了。一些理发师说，他们一拿起剪刀就知道是不是自己的私人剪刀。

同时，一种超乎寻常的技能似乎总是与另一种感觉方式的缺失联系在一起。例如，天生失明的人成功地获得了在听觉和触觉方面比视力正常的人更高的技能。但是失去一种感知方式和本身缺乏是不一样的，如用布莱叶盲文进行触摸式阅读，大脑视觉区无疑也参与了某些语言能力的管理。

接下来，我们将简单介绍视觉、听觉、嗅觉与记忆的关系。

视觉记忆

英国作家卢迪亚·吉卜林在他的小说《吉姆》中，详细描写了少年英雄吉姆如何坚持不懈地记忆放在桌子上的物品，然后再找出缺少的东西的过程。经过不断的训练，吉姆获得了一种超常的技能，他能够记住所有看过的细节。

图像记忆

在一个实验中，研究人员向志愿者展示了2500多张幻灯片，每10秒钟换一张。然后，将每张幻灯片与一张新的幻灯片混合在一起，要求被测试者指出熟悉的那张，即他们之前看过的那张。结果非常令人吃惊：几天后，90%以上的图片被认出；几个星期后，仍然有很大比例的图片被认出。之后再用10000张幻灯片做类似的实验，同样确认了视觉识别的效率。

面孔失认症

面孔失认症是一种极为罕见的病症，会令周围的人非常困扰。患者失去了辨认熟悉面孔的能力，虽然他们可以毫无困难地回想起熟悉的人的名字及其相关信息。不过，他们能够通过声音、走路方式、体态，甚至某些面部特征，如大胡子或者特别的发型，辨认出熟悉的人。

这种奇异的病症是因为大脑右半球损伤而造成的，因为在大脑右半球存储着面部辨认的记忆单位。例如，患者无法再认出自己家畜群中的牛，鸟类学家无法通过视觉辨认出不同的鸟类，却能通过声音立即将它们分辨出来。

如此熟悉的活动

我们有时候忘记视觉在记忆过程中扮演着重要角色。信息进入大脑被处理和存储后，就不再依赖语言了。为了解释视觉记忆的运作过程，神经心理学家将视觉记忆（或视觉——空间记忆）同行为记忆进行了比较。视觉记忆能让我们在头脑里"操纵"抽象的图案或路线，而行为记忆则是依靠语言来理解话语的内容和各种视觉信息。

事实上，重要的是不要混淆了视觉信息与视觉记忆。视觉记忆大多数是按照双重编码的原则来处理词语、图案、照片或者真实的事物等视觉信息。在大量实验中，神经心理学家揭示了双重编码的优点，这种编码方式能将形象信息（形态、尺寸、布局）与动作信息组合在一起。

自闭症患者的记忆：对细节敏锐的感知

人们有时用"照片式"记忆来引出自闭症患者典型的精确记忆。

自闭症是一种发育缺陷，会阻碍患者与社会的互动、对外界情感的反应和与他人的沟通。但这种严重的功能障碍有时却伴随着非凡的音乐记忆能力或"照片式"记忆能力，后一种记忆能力使患者能用复杂的图像表述出记忆里的少量细节，或者毫无困难地进行大量的计算，就像电影《雨人》中达斯汀·霍夫曼所饰演的人物那样。

为了解释这种自发而非凡的能力，神经心理学家提出"表面的记忆"，这种记忆并非想要脱离图像的整体感觉或整体形态，而是试图结合更重要的细节来创造"心理图像"。面对一幅画时，大多数人是在集中注意力于总体形态后，再试图把握其中的细节，而自闭症患者在没有总体视觉的引领下将同等对待所有细节。因此，在处理信息的第一步，自闭症患者表现得更好，而正常人"消耗"的精力是为了获得整体或更多的感官信息，以此简化记忆。有些研究人员还认为，自闭症患者越是与世隔绝，越是容易出现运作记忆障碍。

记忆面孔

在图像记忆方面我们是天生的行家，但是我们中有些人在某一特定方面表现出更高的能力，如记忆面孔、建筑物、风景等。这种能力有时候是训练的结果，正如吉卜林的小说中描绘的那样，但是好像真的存在一种"天赋"，如在过目不忘的人身上。

我们越是能从几千张脸中毫无困难地认出熟悉的那张，越是难以用语言对其进行描述。在描述时，我们通常会提取整体特征，眼睛、胡子、眉毛、痣等，在辨认面孔时语言似乎扮演着次要角色。辨认面孔的能力很早就在婴儿身上得到发展，研究表明6～9个月大的婴儿比成年人更容易记住周围人的面孔。

听觉记忆

"如果钢琴演奏家想演奏《瓦尔基里骑士曲》或者《特里斯坦》前奏曲，威尔杜汉夫人称道，不是因为这些音乐使她不高兴，而是因为它们给她留下的印象太深刻了。'您关心我有偏头痛吗？您知道每次他演奏同样的东西时都一样。我知道等待我的是什么！'"（马塞尔·普鲁斯特《在斯万家那边》）

情绪——理解音乐的关键

情绪与音乐之间的关系是复杂的。一方面，听一段音乐或进行一次与音乐有关的实践（如唱歌或演奏乐器）会引起一些感觉（如兴奋或放松），我们根据当时的情绪来阐释这些感觉，并且从此以后我们会把这些感觉与听到的或自己演奏的音乐联系起来。

另一方面，在精神层面，我们大多数人能够预测一段音乐接下来的部分，"我知道这段之后，铜管将进入交响乐中"或者"节奏将加快，声音将变得更高"。然而，这种才能似乎并不是源于我们受到的音乐教育，而是来自我们从管弦乐中自发得到的"感觉"。

事实上，一段著名的乐曲产生的"震撼"很大程度上依赖于我们的精神活动。神经心理学家观察到，某些患者的听力感知（对一段旋律、节奏等）虽然保持完好，但他们失去了听音乐的快乐感。患者自己解释说，他们"不再能理解"不同乐器之间的音乐关系，并且他们也不能再

"预知"一段音乐将如何演奏。

不同的倾听方式

每个人的音乐才能都不同，一些人似乎比另一些人更有天分去记住一段旋律或者辨认音色。如何解释这些不同？研究人员从对音乐家的观察中发现，他们是以不同常人的方式听，更确切地说是他们"看"所听到的音符，音符对他们来说就相当于"字"。医学图像通过对大脑刺激的研究证明了这些假设。

即使周围存在干扰噪声，职业的或者业余的音乐家都能成功地在意识中保留旋律，而其他人则做不到。在任何情况下，音乐家都能毫无困难地进行记忆，除非他们同时听到另一段相似的旋律。

记忆和音乐曲目库

得益于我们储存在语义记忆中的理论知识，当我们听到一段旋律或者一个作品时，就会感到熟悉，甚至能够确认其曲名、作曲家或者演奏者。对于那些长期演奏同一种乐器的人来说，曲目库是随着日积月累的实践构筑的。

语言和旋律是两种不同的听觉记忆吗

对旋律的记忆是否比对语言的记忆更持久？专注于歌词和旋律之间关系的神经心理学研究表明，对歌曲的记忆实际上与这两个方面紧密结合，尽管对旋律的记忆在时间上更持久。大脑受损的音乐家虽然能够继续从事音乐活动，但从此再也不能理解歌词或话语。因此，语言和旋律可能以独立的方式保存在长期记忆中。

如果一段音乐在记忆中能保存很久，那毫无疑问它依靠了与语言信息相关的编码，特别是情感信息。某种声音（亲属的声音、环境里的声音）与某种情感（是否快乐）联系在一起，会对巩固记忆大有帮助。另外，这样的声音现象不需要以有意识的方式被感知也能永久地被储存，而"普通的"听觉信息（如要记下的电话号码）需要意识的参与，因为它们依赖运作记忆。

嗅觉记忆

《追忆逝水年华》中写道，每次在贡布雷游览时，"我总不免怀着难以启齿的艳羡，沉溺在花布床罩中间那股甜腻腻的、乏味的、难以消受的、烂水果一般的气味之中"。

气味，记忆的要塞

马塞尔·普鲁斯特的这段文字，总结了嗅觉记忆的许多特征。

持久性：多年后仍能精确地描述出最初的气味感觉；

幸福的基调：与情景之间的联系；

联觉的特质：能让各种感觉相互联系。

气味是记忆的"要塞"，特别是当记忆痕迹产生于孩童时。我们每个人在成人后，都有突然想起一件极为久远的事情的经历，有时候通过一种香水气味、一个房间或者一个在柜子底下找到的毛绒玩具而引发。

幸福的记忆

大多数的嗅觉记忆是幸福的，唤起曾经"垂涎欲滴"的生活事件。哲学家加斯顿·巴舍拉说，当记忆"呼吸"的时候，所有的气味都是美好的。

事实上，通过对500多个学生的问卷调查得出的结论是，他们的嗅觉记忆大多数时候是愉快的，无论在所记忆的内容方面，还是在与之相关的情景方面。在儿童身上，常常是重新想起假期、旅游、大自然（大海、山、乡村等）以及家人（父母和祖父母的气味、家庭聚餐、家人的房间等）后，会感觉愉快。

奇怪的是，在一些情况下，也有人把公认为难闻的气味与快乐的经历联系在一起。例如，粪坑的气味让人想起在农场度过的一个假期，氯气让人想起游泳池。

正如这些联系所展现的，我们在记忆的同时刺激了所有感觉，多个大脑区域参与了嗅觉信息的处理——丘脑、淋巴系统等——留下了气味的感情价值，聚集了各种感觉信息，因此这些记忆从来都不是纯粹嗅觉的记忆。

嗅觉记忆与其他感觉

嗅觉记忆总是处于其他感觉的中心。例如，在吃饭或喝饮料的时候，如果没有通过鼻后腔的嗅觉信息，就会失去许多其他的感知能力。

同时，其他感觉反过来也会对嗅觉产生影响。例如，医院的气味会引起难以消化的感觉。一个护士回忆说，让人难以忍受的气味"注入"了她的衣服和皮肤里。

事实上，似乎很难想象出某种嗅觉记忆，因为它并不以具体的形式同时出现在我们的记忆与身体的某个部位中。但是，嗅觉的特性确实在记忆过程中发挥了很大的功用。

第三章
CHAPTER·3

评估你的记忆能力

我们是如何了解记忆的

形态成像技术

形态成像技术能确保我们更好地认识大脑的构造，能给人进行检查，这改进了神经学疾病的识别诊断方式，如确诊肿瘤或脑血管意外。与功能图像不同，形态成像技术提供的是静态图像，即和大脑的特殊活动无关。

X 射线断层扫描

X 射线断层扫描（CT）提供的是被检器官的精细水平剖面图，能清晰地分辨那些在传统 X 光片上看不见的或容易同其他器官混淆的人体器官。CT 成像技术依靠的是 X 射线的放射性（使用时不会对人体造成危害），以数字图像的形式显示通过人体的 X 射线数据，不同的人体组织吸收 X 射线的量不同。脑 CT 能清楚地显示人的脑血管是否畸形（动脉血管瘤）、脑血管是否损伤（脑溢血、脑梗死），是否有肿块、肿瘤、严重创伤引起的脑损伤、与神经元缺失相关的脑萎缩等。这种技术能把受损伤的大脑的图像同记忆测试结果联系起来，帮助我们对记忆发生的位置有了更多的了解。

磁共振图像

通过磁共振（IRM）得到的图像要比 CT 扫描得到的更精确，特别是在某些区域（如脊髓）或者在某些感染性疾病的情况下。CT 扫描只能得到横切面图像（与人体主轴垂直），通过磁共振则可以得到纵切面和斜切面图像。

在进行 IRM 检查时，身体进入一个强大的磁场，人体组织中所有水分子中的质子都朝向同一方向。当磁场中止时，质子又回到原来的位置，同时放射出反映机体组织密度的特殊电磁波。

功能成像技术

最新的功能成像技术使我们对人体组织解剖和大脑"正常"运转的理解发生了巨大的改变。这一技术使我们更重视某些脑部疾病患者的大脑的整体运作，也使与大脑（特别是那些健康人的）精细运转相关的区域显现出来。在后一种情况下，获得的图像质量出奇的好。当被检测者在大脑中搜索词语或文化信息时，读文章或听音乐时……功能图像显示大脑的不同区域在"发亮"。这一技术在基础研究中被大量应用，同时也改进了对某些神经疾病的诊断方式。

单光电子发射体成像

单光电子发射体成像，即在人体组织中植入无防御性放射物质，然后通过一个特殊的照相机探测其放射线，再用电脑处理所获的信息，得出被探测器官的切面图像。单光电子发射体成像能够显示出在感染期间，如精神错乱或者血管发生意外时，脑功能的异常情况。

正电子 X 射线断层成像

目前有许多研究中心应用正电子 X 射线断层成像技术对人体的不同器官（心脏、肝、肺等）进行了非常精确的生理学研究，特别是大脑。该技术对神经递质以及大脑活化机理的认识取得极大进展具有重要意义。

通过释放正电子得到的断层图像，除了对基础研究的许多领域具有重要意义外，也是诊断癫痫病、帕金森病和阿尔茨海默病的一个强有力的方法。正电子 X 射线断层成像基于与正电子相关的射线的探测，正电子是一种比电子轻的基本粒子，带的是正电。由放射性物质发出的正电子融入具有特殊生物化学性质的分子中后，借助正电子照相机我们可以观察到分子在机体内的分布，同时通过电脑可以重组大脑的截面影像。这项技术特别适用于观察一些生理现象，如血液的流量、人体组织中水或氧的分布、蛋白质的合成等。它能揭示在执行记忆任务时血液流量和大脑中化学物质的变化，帮助科学家获悉在记忆研究时大脑中的化学系统与身体结构是如何相互作用的。

功能磁共振图像

功能磁共振图像（fMRI）技术被用于探测某一器官在一段时间内血液分布的变化，这一测试能反映在活动增加的情况下人体组织耗氧量的变化。将功能磁共振图像与休息状态得到的图像比较，可以研究某一器官在特定功能中的作用。比如让我们真切地"看到"记忆在实际情况下的活动。

fMRI 主要用于分辨负责不同功能的大脑区域，如视觉、听觉、记忆或者语言。被检查者在进行某些精确的脑力任务时，我们可以观察到活跃着的大脑区域。作为对传统医学成像技术的补充，fMRI 能协助医生做那些非常接近脑部十字区域受损的大脑外科手术。

评估你的记忆能力

你对待生活的大体方法

本问卷由 20 个问题组成。请仔细阅读每个问题，然后选出最适合的答案。

◎你认为自己是一个有条理性的人吗？

1. 完全不是　　　　2. 有一定的条理　　　　3. 非常有条理

◎在你参加一个会议时，下列哪个答案最能说明你的状态？

1. 发现自己想着其他事情

2. 只要主题有趣，就能很好地摄入信息

3. 总是能随时集中注意力并记得住

◎你乱放钥匙吗？

1. 经常会　　　　2. 有时会　　　　　　3. 从不

◎你有时间安排表吗？

1. 没有　　　　2. 试过，但发现难以随时更新　　　　3. 有

◎你是否每星期不止一次感到有些晕晕乎乎？

1. 是的　　　　2. 有时　　　3. 没有

◎你是否发现一直有太多的事情要做？

1. 是的，我不太擅长熟练掌握事情

2. 我有时不得不加班加点以跟上进度

3. 不会，我基本上能掌控局势

◎你是否感到难以记住密码？

1. 是的，我很难记住这些东西

2. 我偶尔会在想它们时碰上些问题——因为我对不同的东西设的密码不同

3. 不会，我用的密码不仅熟悉而且易记

◎你是否有过走进一个房间却忘了为什么走进去的时候？

1. 经常　　　　2. 有时　　　3. 从未有过

◎你是否吃大量的新鲜蔬菜和水果？

1. 不　　　　　　　　2. 尽量　　　　　　　　3. 是的

◎你能记得给人们发生日贺卡吗?

1. 不能，我记不住日子，所以不知道什么时候该送

2. 只记得同我关系密切的人

3. 是的，我有生日的清单

◎你是否容易分心?

1. 是的，我发现难以让自己长时间地把注意力集中在某件事情上

2. 有时　　　　　　　3. 从不

◎你认为新信息好记吗?

1. 不　　　　　　　　2. 如果听得仔细的话　　　3. 是的

◎你是否让你的思维保持活跃?

1. 并不完全如此　　2. 尽量　　　　　　　　3. 是的

◎你是否乱涂乱画?

1. 经常　　　　　　　2. 有时　　　　　　　　3. 从不

◎你的家庭开支是否有条理?

1. 没有

2. 有一定的条理

3. 是的，我先会以一定的次序将它们排列，所以总能按时开支

◎你多久做一次运动?

1. 从不，我讨厌做运动　　2. 有时　　　　　　3. 至少一周两次

◎你丢过东西吗?

1. 经常　　　　　　　2. 有时　　　　　　　　3. 从未

◎当有人给你介绍新朋友时，你是否能记住他／她的名字?

1. 几乎不能　　2. 有时能　　　　　　　3. 每次都能

◎你有没有做过白日梦?

1. 经常　　　　　　　2. 有时　　　　　　　　3. 几乎从未

◎你是否经常会为某些事情紧张?

1. 经常   2. 有时   3. 几乎从未

把你所选答案的序号加起来（序号即代表得分），看看你属于哪一类。

得分

20～30分

你也许注意力不太集中，感到自己的记忆力不是很好。你可能条理性较差。你似乎不太积极利用记忆策略或如列清单之类的帮助记忆的工具。你的生活方式可能也不是特别健康。

如果你属于这种类型，就要多下功夫提高注意力以及使用记忆策略，从而提高自己的日常记忆功能。专心致志是摄入信息并将其存储起来的基础。记忆策略或记忆帮助工具能帮助你更好地存储记忆信息。你可能还需要考虑改善你的生活习惯，因为健康对你的记忆力会产生很大的影响。

31～45分

你的生活也许安排得还可以，但你可以有更好的记忆力。你也许相当有条理，但还有提升的空间。你试过以一种健康的生活方式生活，但并不十分成功——因为你感到自己太忙了。

你应变得更有条理，学会更有效地利用记忆策略，并学习新的策略，会极大地改善你的记忆力和注意力。生活方式的改进也应该成为你总体提升计划的一部分。

46～60分

你的记忆力可能已经不错并能有效地利用记忆策略。你可能也正努力以一种健康的生活方式生活。因此，紧张程度相对较低。

提升的空间仍然存在——如果你对"记忆是如何运作的"了解得更多并学习了新的策略，你就可以进一步强化自己的记忆。

评估你的短时记忆

第一部分：评估你的数字记忆能力

叫一个朋友读出如下次序的数字，你的任务是以同样的次序复述这些数字。试试看你做得怎么样。

18 13 71 43 7 58 2 9 6 5 4 16 25 34 95 19 20

得分

少于 5 个 = 差；5 ~ 9 个 = 中等；多于 9 个 = 好。

第二部分：评估语言记忆的能力

看一下下列词汇并试着记住它们——不要把这些词汇写下来。你有 1 分钟的时间。

木偶	火车	上衣	衣柜
汽车	足球	椅子	裤子
桌子	摩托车	遥控车	沙发
帽子	玻璃球	直升机	袜子

现在把这些词语遮住，然后尽可能多地把这些词语写出来。

得分

少于 5 个 = 差；5 ~ 9 个 = 中等；多于 9 个 = 好。

你注意到这些词有什么特殊规律了吗？如果没有，再看一次。如果你看得仔细，你将会发现这些词可以被分成 4 个主要类别（玩具、交通工具、家具、服装）。增强记忆最简捷的方法之一是将有关项目按类别组合。

第三部分：评估你的形象记忆和立体记忆

仔细观察下一页的 10 个图形 1 分钟，努力记住它们，看你能记住多少。

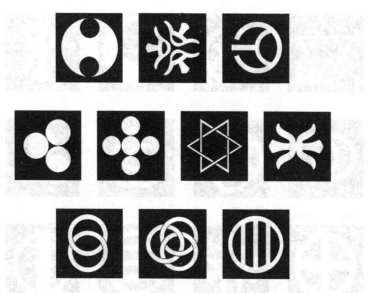

得分

少于 4 个 = 差；5 ~ 7 个 = 中等；8 ~ 10 个 = 好。

第四部分：评估你的视觉识别记忆

看下面这组图。它们中哪些你在前面看见过？把你之前看见过的图圈出来，然后对照一下，看你答对了多少。

少于 3 个 = 差；4 ~ 6 个 = 中等；7 ~ 9 个 = 好。

第五部分：记故事

阅读以下段落。不要记笔记，但在手边准备好纸和笔以备用。

罗先生正走在去一家超市的路上，他要买早餐、一瓶啤酒、两斤鸡蛋，以及一些甜品。当他沿着人行道往回走时，看见一位女士被一块石头绊了一下，摔倒在地，撞到了头。他赶紧跑过去看她是否需要帮助，并看到她头上的伤口正在流血。他奔向附近的房子，敲开了门，告诉来开门的女士发生了什么事情，并请她打电话叫人帮忙。15 分钟后，来了一辆救护车，把受伤的女士送进了医院。

现在，把这个段落用纸遮起来，然后尽可能地按照原来的词句写出这个故事。

得分

你能回忆起多少条信息？

少于 15= 差；16 ～ 25= 中等；超过 25= 好。

大多数人肯定能记住故事梗概，而且可能还能记住一些细节，然而要一字不差地写出这样一个故事则是一件很困难的事情。

我们大多数人在阅读书报时往往只记住大概意思而不是逐字逐句地通篇记忆。词句就成了故事的"路径"，因而我们记住的只是大概的意思。幸运的是，词句所传递的是内容而不是词句本身。人类也更善于记住值得记忆的片段或那些同我们个人有牵连的东西。

第六部分：识别记忆

看下面的这些词汇并记下哪些在前面的练习中出现过。不要翻回去看，你能认出哪些词汇自己在前面看见过吗?

木偶	足球	垃圾箱	熨斗
汽车	帽子	轻型摩托车	火车
摩托车	房子	上衣	直升机
衣柜	沙发	遥控车	窗户

得分

翻回去对照一下，并计算你的得分。

认出少于 9 个 = 差；9 个 = 中等；10 个以上 = 好。

我们大多数人非常善于识字。因为词汇本来已经存在你的大脑中了，你只需要分辨哪些见过、哪些没见过。它所需要的努力要比回忆少一些。我们的记忆系统有一个怪癖，即识别不太普通的项目会更容易。项目越是类似或普通，就越是难以分辨。

评估你的长期记忆

第一部分：经历性记忆

这一类型的记忆往往有不同的种类。

试试看回答以下问题：

1. 你的祖母叫什么名字？

2. 你出生的地方在哪里？

3. 你喜爱的第一个玩具是什么？

4. 你小时候最喜欢吃什么？

5. 你小学时的绰号叫什么？

6. 你的祖父是怎样维持生计的？

7. 形容你祖父的外貌。

8. 想一件你 5 岁前收到的礼物。

9. 想象一下你的房子，第一扇门是什么颜色？

10. 你小时候的邻居是谁？

11. 你能回忆起上小学第一天的情景吗？那天你穿什么衣服？

12. 你的第一位老师是谁？

13. 你小时候做的最顽皮的一件事是什么？

14. 你最早的记忆是什么？

15. 你 11 岁时的同桌是谁？

16. 哪位老师你非常不喜欢？

17. 你能否记起在学校用心学过的课文？

18. 第一个让你心动的人是谁？

19. 你第一个约会的人是谁？

20. 第一个伤你心的人是谁？

21. 11 岁时，谁是你最好的朋友？

22. 你记忆最深的一个假期是哪个？

23. 你记忆中最早的节日是哪个？

24. 描绘一件你喜欢的玩具。

25. 你什么时候学的自行车？

26. 谁教会你游泳的？

27. 你第一个真正的朋友是谁？

28. 你童年最喜欢的游戏是什么？

29. 你5岁时最喜爱的电视节目是什么？

30. 你的第一个纪录是什么？

31. 你在小学时最喜爱的体育运动是什么？

32. 你对较早之前的往事有没有一个深刻的记忆？

33. 有没有一种特殊的气味能使你想起往事？

34. 你的第一只宠物叫什么名字？

35. 你给喜爱的玩具起了多少名字？

36. 你能不能详细地记起11岁前的考试经历？

37. 你5岁前最喜爱的歌曲是什么？

38. 你11岁之前是否有自己的朋友圈？列举两位朋友。

39. 你能否记得小时候幸运避免的一些事情？

40. 你童年时生的最严重的一场病是什么？

41. 你一生中最美好的回忆是什么？

42. 你有没有与童年的挚友阔别已久后再次见面？

43. 你是否记得高中时的一些数学公式？

44. 相对于最近发生的事，你是否更容易记得往事？

45. 你能否记得当你闻讯北京申奥成功时，你身处何地？

得分

30项以下＝差；30项＝中等；超过30项＝好。

大多数人在这个测试中能完成得很好，基本上能回答30多道题。一旦你开始回答这些问题，就会促使自己回想更多的往事。这种回忆的感觉会持续很久。也许它还能促使你拿出一些旧照片或纪念品怀念，给老朋友打电话，或者寻找失去联系的朋友。一旦你的永久记忆受到激发，它将发挥巨大的功能。你会惊叹于你能回忆的所有细枝末节。

你可能会发现以上有些事情比其他的更容易记得。如果当时有重要事件发生或该事件对你有着不同寻常的意义，那么记起自己当时在哪儿或在干什么就容易得多。这是因为，我们没有必要记住我们生活中的每一个时刻。我们的记忆会自动地对信息进行筛选，于是我们就会忘记我们没有必要知道的东西。

第二部分：语义性记忆

语义性记忆是我们自己对事实的个人记忆。试试看回答以下问题，并看一下你懂得多少知识。

1. 葡萄牙的首都是哪里？

2.《仲夏夜之梦》的作者是谁？

3. 青霉素是谁发明的？

4. "大陆漂移说"是谁提出的？

5. 离太阳最近的第五颗行星是哪一颗？

6. 曼德拉是在哪一年被释放的？

7. 俄国十月革命在哪一年发生？

8. 一支足球队有多少名运动员？

9. 圭亚那位于哪个洲？

10. 在身体的哪个部位可以找到角膜？

11. 第一个到达北极点的人是谁？

12.《物种起源》的作者是谁？

13. 与南美洲接壤的是哪两个大洋？

14. 比利时的首都是哪里？

15. 宁静海在什么地方？

16. 第一次世界大战的起讫日期是哪天？

17. 卷入水门事件的美国总统是哪一位？

18. 拿破仑最后被放逐到什么地方？

19. 美术三原色是什么颜色？

20.《热情似火》的女主角是谁?

得分

少于 10 个 = 差；11 ~ 15= 中等；16 ~ 20= 好。

答案

1. 里斯本　2. 莎士比亚　3. 弗莱明　4. 魏格纳　5. 木星

6.1990 年　7.1917 年　8.23 名　9. 南美洲　10. 眼睛

11. 罗伯特·皮尔里　12. 达尔文　13. 太平洋和大西洋

14. 布鲁塞尔　15. 月球　16.1914—1918 年　17. 尼克松

18. 圣赫勒拿岛　19. 红、黄、蓝　20. 玛丽莲·梦露

我们的语义性记忆会随着许多不同的因素而变化，如你来自何方，你的年龄、兴趣，等等。要扩展你在已经有所了解方面的语义性记忆是比较容易的，因为这些记忆更有意义。

评估你的前瞻性记忆

我们大多数人过着繁忙的生活。以下哪件事情你会经常忘记?

◎付账（或者是否已经付过账了）

1. 经常　　　2. 有时　　　3. 从不

◎计划好的约会时间

1. 经常　　　2. 有时　　　3. 从不

◎收看感兴趣的电视节目

1. 经常　　　2. 有时　　　3. 从不

◎下一周的计划

1. 经常　　　2. 有时　　　3. 从不

◎出去旅行前取消所订的报纸或杂志

1. 经常　　　2. 有时　　　3. 从不

◎出行前从自动柜员机中取钱

1. 经常   2. 有时   3. 从不

◎晚上睡觉前调好闹钟

1. 经常   2. 有时   3. 从不

◎吃药

1. 经常   2. 有时   3. 从不

◎给好朋友送生日卡

1. 经常   2. 有时   3. 从不

◎回电话

1. 经常   2. 有时   3. 从不

得分

把你所选答案的序号加起来。

10 ~ 15 = 差；16 ~ 25 = 中等；26 ~ 30 = 好。

每个人都对不时会忘记做一些事情而感到负疚。这种类型的记忆的好处是易于改善。只要稍微有点条理，再加上一些简单策略的帮助，就可以提高这方面的记忆。有时，生活似乎被许多小事所占据，有条理可以帮助你厘清你的思路，以便处理更为有趣的事情。

诠释你的强项和弱项

关键的思考技巧

由于记忆具有复杂性和多面性，因此，要去了解思维能力与记忆之间的关系，以及它为什么对记忆如此重要。一些技能帮助你提高记忆，但你必须保证你对自己的能力有了彻底的了解。

你的个性化轮廓

你的总体表现如何呢？

将下面这张表格填一下就一目了然了。

测试类型	差	中	好
总体表现			
数字记忆			
语言记忆			
形象／立体记忆			
视觉识别记忆			
记故事			
识别记忆			
经历性记忆			
语义性记忆			
前瞻性记忆			

根据你在各个不同练习中的得分情况，就会清晰地看出自己在哪些方面最强、哪些方面最弱。你的某些方面比其他方面强是很自然的，这是因为我们的记忆都有不同的强项和弱项。你可以做许多练习来对它进行改善，你会变得更有条理。即使你在每个方面都得了高分，你的记忆仍然有可以提高的地方。

了解你自己的记忆力

这种能力可以让我们识别是否知道或记得某事，因为我们知道自己的记忆中是否有这些信息。它还被称为后记忆。它帮助我们监控我们对信息的了解与否——记忆功能中让我们知道自己了解某事的哪个方面。完成以上的各项记忆测试将帮助你发现自己的强项和弱项，因而知道要集中注意哪些方面。你一旦开始对自己的强项和弱项有了足够的了解，就会知道它们如何可以在不同的情况下增强你的记忆。

你适合哪种记忆方法

我们有三种记忆方法——看、听和做。在这三种方法中，每个人都有自己偏好的一种，第二种可作为辅助方法，第三种方法使用起来可能会比较不舒服。一些人很幸运，他们能够同时对三种方法得心应手，也有一些人没那么幸运，他们不能使用其中一种或两种方法（比如，盲人就不能使用视觉这一方法）。下面的测试将告诉你，你比较适合哪种记忆方法。

◎在课堂上，你可以用很多方法来学习。你偏好哪一种？

1. 听老师讲

2. 从黑板上抄录笔记

3. 基于课前学到的知识，自己做一些练习

◎看完电影之后，你对看电影中的哪些事记得最详细？

1. 电影中的对话

2. 电影中的动作、情节

3. 你自己做的一些事：坐车到电影院、买票和食品

◎你怎样学习修理漏气的自行车车胎？

1. 找一个朋友，让他描述如何修理车胎

2. 买成套的修理工具，自己阅读修理说明书

3. 自己摸索着怎么修理

◎如果你想记住美国历届总统的名字，那么，你会：

1. 将名字都找个相关的事物来记

2. 看肖像记名字

3. 找一些关于他们的图片，然后贴上标签，放入相册

◎如果你喜欢一首流行歌曲，你最喜欢做下面哪件事？

1. 学习歌词

2. 经常看歌曲短片

3. 试着模仿歌曲的舞蹈

◎你用思维的角度看待东西的能力如何？

1. 很差　　　　　2. 很好　　　　　3. 相当好

◎用手操作的练习，你做得如何？

1. 一般　　　　　　2. 很好　　　　　3. 很差

◎如果别人给你读了一则故事，你会：

1. 能够很详细地记录下来（一些片段还可以逐字记下）

2. 在脑中形成故事的一些片段

3. 很快就会忘记

◎在你小的时候，你最喜欢做下面哪件事？

1. 阅读

2. 绘图和画油画

3. 按形状把玩具分类

◎如果你搬到一个新的地方，你怎样去熟悉周围的交通路线？

1. 询问当地的人弄清方向

2. 买一张地图

3. 慢慢闲逛一直到你熟悉道路的分布

◎下面你最擅长记住的是：

1. 别人告诉你的话

2. 看东西的方式

3. 自己做的事

◎下面的哪个你能最形象地记住？

1. 在学校学到的诗歌

2. 母校的样子

3. 学习游泳的感觉

◎当你做园艺的时候，你会：

1. 知道所有花草的名字

2. 记得植物的样子，但是会忘记它们的名字

3. 专注浇水和修剪

◎日常生活中，你做的事情：

1. 每天都读报纸

2. 确保每天都能看电视上的新闻

3. 不是每天阅读新闻，因为你有更多的事需要做

◎想象一下，下面的哪项会让你觉得最悲痛？

1. 受损的听力

2. 受损的视力

3. 受损的行动能力

答案

听力偏好者

如果你的答案"1"占大多数，那么，你偏好听力这一记忆方法。你喜欢听声音，你能很容易接收它所传达的信息。相比其他的一些学习方法，你更倾向于记住或理解用耳朵听到的信息。

视觉偏好者

如果你的答案"2"占大多数，那么，你偏好视觉这一记忆方法。你的视觉感观能力最强，通过视觉能够抓住很多信息。相对于其他的方法，你用视觉的方法能更好地理解以及记住信息。

实践偏好者

如果你的答案"3"占大多数，那么，你偏好实践这一记忆方法。你能从实践中学到最多，你戴起手套做5分钟的实践演练胜过你坐在教室里花几个小时来听讲。其实，很少有人只局限在一种记忆方法上。当然，你可以结合三种记忆方法，因为这样能大大提高记忆的效率。如果你发现自己很不习惯使用这种记忆方法（比如视觉），可能是你还没找出不能使用这一方法的问题所在。你应该做个视力检查或配一副眼镜，你会发现世界焕然一新。

第四章

开发记忆潜能，创造天才记忆

提高你的内部主观记忆

主动编码和存储策略

无错误学习

无错误学习是一个需要理解的重要概念。有个秘密就是，如果你要求别人猜出答案，他们就更有可能记住。事实上，如果他们是在指导下得出正确的答案，记住的可能性要大得多。

如果你问一个孩子："你能找到自己的足球吗？"他可能首先到床底下找，然后去客厅，再到楼梯下找，最后终于在那儿找到了。下一次，这个孩子的第一反应可能仍然是先到床底下找。

如果你换一种方式说"让我们找一下你的足球"，并且把头或眼睛转向楼梯，孩子就更有可能做出正确的反应。

两个策略

（1）更少是为了更好

第一个策略是问一下自己："这是不是我真的需要记住的？"虽然我们的大脑容量非常大，但你还是选择自己所需要记住的。试图记住太多新的东西可能产生干扰和负载过度，而这会让旧的信息更难以记起，要避免这个问题，就需要进行一定的筛选。

"我能现在就处理这个吗？"

你经常有机会能让自己一接到任务就处理，从而减轻自己记忆系统的负担，因为这样你就不需要对它进一步加工。重要的是要考虑你如何能让自己免于深度加工信息，从而可以让记忆对付更为重要的信息。例如，你没有必要记住每个人的电话号码，只要记住那些你经常打的号码就够了。

（2）不要害怕提问

第二个策略是要养成这样一个好习惯：尽量想办法向别人要信息，如他们的姓名，这让你无须加工这些信息而且它们也不会让你感到难堪。例如，如果有个你只见过一次或两次面的人对你说："啊，非常抱歉，我记不起你叫什么。"你会感到被侮辱了吗？可能不会。如果他猜错了你的名字，你受到的侮辱可能更大。在你犯下令人尴尬的错误（而且有第二次还会犯错的风险）之前，让他确认自己的姓名是一个好主意。

事实上，无错误学习指出，如果你去猜人名，那么当你第二次碰见同一个人时，你记得的可能是你猜错的名字而不是正确的。无错误学习通过对事物的确认而不是假设另外的情况，帮助你的记忆系统巩固正确的记忆。所以，不要去猜（即使机会是50%），出于礼节和记忆的考虑，还是再问一下为好。

死记硬背式学习

我们经常习惯于用重复的形式——例如，通过一遍又一遍地反复阅读来学习，这种方式叫作死记硬背式学习。研究表明，这种方式并非真正有效。设想你正在复习，准备参加一场历史考试。就某一个主题，你有许多的史实、日期和人名要了解。你翻看笔记、把关键的细节列出了一个清单，然后反复看了多遍。在考试中，你在回答论述题时十分得心应手，并且将你所记得的大约50%的史实、日期和人名尽可能地塞进答案中，可你还是只及格而已。

死记硬背式学习的缺点在于它只是一种浅显的加工形式。要记得更牢，就必须对信息进行更为深刻的学习，让自己在很久以后仍然能有效地回忆起来。要做到这点，就需要你使用额外的策略。

分块

把信息分成小块有助于回忆，通过对资料进行组织可以帮助你记忆。在记号码时进行分块非常管用。2064116890 这个号码可以这样记：

2　0　6　4　1　1　6　8　9　0

这个信息共有 10 个部分，如果你将这个号码分成 3 个部分，就容易记了：

206-411-6890

条理性策略

你的记忆越有条理，就越容易学习和记忆。正像在一团糟的办公桌上或乱七八糟的房间里难以找到东西一样，如果你的记忆库条理性很差，就难以记住东西。长时记忆的结果非常明确，存储库虽多，但相互之间都有一定的联系。因此，有组织的信息便于记忆。

从某种程度上来说，我们的长时记忆存储库有点像一个档案柜或电脑里的档案，其中主要的文件夹被分成几个小文件夹——我的账目、我的文件、我的图片等。在这些非常笼统的文件夹里，存有一些小的文件夹。除了有主题以外，这些小的文件夹还有日期。这种组织信息的方法使在你需要信息时易于再现。

注意力集中的威力

如果你想要学或记某样东西，就一定要对它加以适当的关注。注意力集中能让我们处理信息，使之停留足够长的时间以备利用。它包含思维警觉状态、长时间全神贯注、不分心，并且有效地分配资源满足不同的需求。注意力集中程度差意味着人不能摄入信息，而后记忆也就没有机会进入我们的长时记忆存储库。通常的情况是，丧失记忆或明显的

"记忆力差"，仅仅是因为首次未能充分注意。虽然这实际上很明显，但你却不可以低估它的重要性。当你意识到注意力对记忆加工至关重要时，改善自己的记忆就容易了。

持续注意

我们大多数人过着繁忙的生活，有太多事情要做。由于有太多的琐事，我们不能集中注意重要的事情。因此，分辨重要的细节、人名，以及其他重要的东西的能力对于我们有效地回忆信息至关重要。

持续注意指的是我们在一段持续的时间内保持对某件事情注意的能力。动机和思维的激发程度是影响注意的关键因素。要使你的注意力保持足够长的时间，以便加工信息进入记忆（对其进行编码），就必须留意自己的持续注意界面——20分钟、40分钟，也许再长一些，这取决于你正在加工的信息类型。

案例

设想你正在电脑前工作，旁边电视里的财经频道正在播出股票信息。屏幕上的东西太多了，所以无法全部留意——商务信息、好几组数据、主持人的声音。你对节目的注意可能仅仅让你知道，此时的股市情况还可以。

设想现在你突然听到了股市的某一个板块（时装行业）因为其中一家主要的时装公司破产而表现不佳的消息，这引起了你的注意，因为你手中持有的一些股票是时尚在线时装公司的。于是你开始收看收听任何关于这只股票的消息。你的注意力很大程度上在关注这个节目，留意是否会提到时尚在线股票的消息。节目播完后，你把注意力转回到工作上，对电视充耳不闻。

设想你最后打算在网上卖掉自己的时尚在线股票，但你的电脑出了故障。你正在听电脑服务部门的指导。你也许对这些指导听得非常专心，但如果你越来越焦急的话，就可能会警觉过度，你的思维可能会因为刺激过度而过了最佳状态，使这些指导在脑海中变得一团糟。事实上，你要担心的事情可能已经够多了，以致运作记忆没有足够的空间来容纳这些指导了。

管理注意力

当我们抱怨自己的注意力无法集中时，这通常意味着各种各样的事情使我们分心。学会管理自己的注意力将帮助你把注意力集中到自己所期望的方向。

构建自己的发电站

集中注意力是记忆的发电站。不管你学到了多少方法和技巧，你的记忆潜能都不会得到完全发挥，除非你学会了如何集中注意力。并不是每个人都能做到集中注意力，虽然它很重要，而且我们从小就接受集中注意力的训练。我们在读书的时候，老师总会管束我们说："注意力集中啦，孩子们！"我们做得好的时候，老师也会说："非常棒！"

集中注意力练习

当你集中注意力时，你还应该考虑别的什么事情呢？首先就是要组织好时间。要留出一定的时间来完成特殊的任务，不要占用这些时间。我们很容易开始做一项任务，但这项任务并不是我们的兴趣所在，因此我们便习惯性地开始走神想别的重要的事情。于是，想着来杯咖啡，然后去看看报纸有没有到，接听电话聊聊天。既然你已经拿着电话了，就会想着不妨给朋友打个电话，然后继续聊。如果你意识到了这些情形，那么你不需要定期进行注意力集中的训练，但是你要学会合理利用自己的时间，充分利用时间来完成任务。

当你制定时间表时，要时刻参照你一天的行程。不要因为别人的打扰而将复杂的工作分成好几次。你可以选择别的不易被打扰的时间（比如清晨），这些时间非常宝贵。

在工作进程中，如果发现事先安排的时间表不合适，那么你可以对它进行改动。这不重要，重要的是你能够按照时间表的规定完成任务后，不会因为匆忙而心烦意乱。

分散注意力

你想把注意力保持在某件事情上，但除此之外的所有其他东西会通过引起你的兴趣与之争夺。有时，你可能需要有意识地在脑海中同时保留两件或更多事情，这被称为分散注意（或者如果只有两件就称作双重注意）。通常情况下，你会根据需要选择性地转移注意力，即你会先注意更为重要的事情，同时把另一件事情保留在脑海中，然后在它变得更为重要时转而注意它。这是执行多重任务最基础的技能。

案例

设想你还是在伏案工作。你想要做好一笔账，同时又想查一下某只股票现在的表现。因为听到股价开始上下波动的消息后，你正在考虑是否要将它出手。你所处的是一个敞开式的办公场所，当时里面一片嘈杂。这时，电话铃响了——一位客户想要查找一些信息。你一边和她（他）交谈，一边再次查了一下所持股票的在线账户。通话结束后你回头继续工作，闻到调制咖啡的味道就做了个手势表示也想要一杯。有个同事问你是否打算参加办公室之间的足球挑战赛，之后你又查了一下股票。

在以上的案例中，你需要注意许多事情，但你仍能有效地进行处理。这是因为大脑天然的注意系统帮助你集中注意你当时所需要做的以及下一项手头的工作。如果有太多的信息涌入，那么你就会一筹莫展；如果你同时做多项任务，就可能会出错。有些人擅长分散注意，因而能同时做多项任务；有的人则更加讲究次序，即更擅长一次做一件事情。如果你对正在做的几件事情非常熟悉，那么，分散注意也就相对容易一些。

使信息有意义

记忆是信息被感知和编码的产物，使信息有意义就会通过加深信息轨迹使之比其他只有浅度记忆的对象更加明显，从而提高我们的记忆。加工的程度越深，我们就记得越牢。

如果你需要记住某个讲座、书上、专题探讨会、演讲或交谈中的信息，关键在于要确实地关注其意义所在。也就是说，你的记忆系统正在努力使信息有意义。如果你能有意识地帮助它这样做是有利的。问问题也有助于我们的理解。

苏格拉底法

使信息有意义的一种方法是由古希腊的哲学家苏格拉底发明的，因此被称为苏格拉底法。苏格拉底的问题往往是"我对此已经了解多少"和"我从中能学到什么"等。换句话说，你正试图访问任何你已经为某个特殊类型的信息所写的剧本或计划，从而明白自己应该对它如何增补。

有一种记忆法可以帮助人们记住苏格拉底类型的问题从而帮助他们的记忆："预提阅总测"，即

预览：粗看一下信息，了解它大体说什么。

提问：你希望通过看或听这个信息回答哪些问题。

阅读：看或听。

总结：什么是该条信息的概要？

测验：你找到所有问题的答案了吗？

用"预提阅总测"测试一下你收看的电视节目或阅读的报刊文章，看它对你是否有用。

同他人一起讨论

就观点展开讨论对你的记忆是非常有益的。通过这种方法，你可以描述你对某件事情的看法并得到别人的观点。你一旦真正理解了一个观点并能对它进行描述，那么今后记起它就容易得多，而且它还能自然地与你已经掌握的知识结合起来。如果你尚未完全掌握，或者知识中尚有缺口，那么它会在讨论之中显现出来并得到填补。

扩充已有的知识

新的东西在我们学习之前，它可能看上去令人生畏。然而，我们一旦开始学习，知识的建立就越来越容易，因为它变得更有意义并构成了一幅图画。我们叫某些人专家就是这个原因：他们在创建了原始知识基础之后，越过通常的边界，扩充了自己的知识。

设想你计划去某个国家度假，这个地方你从未去过。你对它有个特别的感知，也许是因为在新闻中收看到的那儿发生的一些事件或是上学时上的地理课。到了那儿以后，你参观博物馆并租了一辆车四处游荡。在这段时间里，你一直在建立一个叫作"××国"的记忆信息库。

当你在新闻中看到有关这个国家的事情时，你学到的知识就更有意义，因此你会加以注意并收听。你理解其中的内容，而且容易将它们加入自己的知识并记住有关信息。

学习时的联系策略

有意地将你所想要记住的同自己所熟悉的结合，即创造一种联系，对你的记忆存储系统是有帮助的。有些联系易于建立，但大多数事物之间的联系并不是十分明显，因而你必须更有创意才能建立联系。只要你能练习建立联系方式，就会逐渐对此擅长，而且一段时间后将能不假思索地这样做。

使用记忆帮助工具

记忆帮助工具包括诗歌、有纪念意义的格言，以及其他可以用来唤醒记忆、帮助记忆的东西。你还可以自己编造一些来帮助自己记东西。

形象化

要学会将信息同可视的图像联系起来。困难的材料可以转换成图片或图表。具体的图像比抽象的观点、理念更令人难忘，图片为什么更令人难忘就是这个道理。如果要记住有关其他人的信息，用形象化的策略就特别管用。

对人名的形象化

可视的图像对记住人名（尤其是外国人名）非常有帮助。你可能会注意到自己能记住更加具体和形象化的人名，然而，大多数名字要抽象得多，这就是我们为什么都不善于记住它们的原因。在这些情况下，试一下将名字同有意义的可视图像联系起来。

首先，想一下某人的名字是怎样写的。

然后，试一下将这个名字同某个容易记住的东西联系起来，例如，麦克尔对着麦克风唱歌。

定位形象化

将手头的事情想象成一所有许多房间的房子是一种有用的技巧。你有几个不同种类的信息要记，因而把每种类型的信息放在不同的房间里。当你需要记起什么时，你的思维就会在房子里走动，顺路挑出信息。

找到出路

许多人的方向感较差，但这很容易通过练习来提高。

仔细地看一下一张真正的地图，并形成一张形象化的地图，使道路形象化。

当你在路上时，看地图试着思考一下。

如果道路错综复杂，在你上路之前就应在你的可视图像里加入有序的转向清单，那么在你去的时候就可以参照这个清单。

去了以后你还得回来。所以，在你去的时候，找一下路标（务必确保在你设计自己的路线时注意了关键的路标），这将有助于你回家。

提高你的外部客观记忆

再现策略

如果你已经使用了策略，并进行编码和存储，那么你的记忆再现应该已经得到了提高。如果你仍有信息想访问却不能完全找到，那么，针对这个还有一些有用的策略。

目录搜索

目录搜索可能是再现的有效线索。例如，你已经到了超市却忘了带写好的清单。当你在过道里走来走去时，看一下你在哪个区域——如在食品区，思考一下自己在食品目录里可能需要的东西。

形象化搜索或脑海回顾

使用形象化搜索也许可以再现记忆，特别是针对你放错地方的东西，它包含在脑海中回顾自己的动作以及想法。例如，你找不到钱包，就想想你最后一次付钱是在什么地方。你把钱包放进自己口袋里了吗？查看口袋里有没有。如果没有，努力想一下从那以后是否用过钱包或者把它放在了别处。

实例：我把手机忘在哪儿了

走进这个房间之前，我在接待处签到。在此之前，我在车上。我把手机忘在接待处了吗？不会，否则他们会提醒我的。我把手机忘在车上了吗？我想不起是否将它带到了车上。嗯，上车之前我在哪儿呢？我在家里。我记得拿了电话，关上了门，然后将电话放进了口袋里并上了车，然后将它放在了仪表板杂物箱里。啊，对了，我把电话放在了仪表板杂物箱里了。

前后联系提示

在脑海中将自己放回到你所处的前后联系中可以帮助你更好地回忆。例如，试一下是否记得两天前午饭吃的是什么？让思绪回到所说的那天。你在哪儿？在哪儿吃的午饭？和谁在一起？吃了什么？现在你也许记起来了。

总结

再现策略有助于为了特殊的目的而加工信息。你可能只需要这个信息一会儿，但也许你会在下半辈子都需要它。重要的是根据你的记忆类型、需要加工的信息的种类，以及你的需要来选择对你有用的策略。

你可能需要花些时间才能习惯于使用策略。在开始的时候，它可能还会让你慢一拍，但它是有帮助的，而且很快它就开始给你回报。

我们还能做其他什么事情来帮助自己记得更牢呢？有一个普遍的错误观点，如果你依赖于一个写下来的记忆系统，就不能提高自己的记忆

过河问题

假设你有一只鸡、一袋粮食和一只猫在河的一边，你的任务是把所有事物都带到河的另一边，但是船很小，只能容下你和其中一个。同时，不能把鸡和粮食留下，否则鸡会吃掉粮食；也不能把猫和鸡留下，否则猫会把鸡追跑。你怎样用最少的渡河次数，把这三件事物都带到河的另一边呢？

解决方法如下：首先，带一只鸡到河的另一边，放下后返回。接下来，带粮食到河的另一边，同时将那只鸡带回。然后放下鸡，把猫带到河的另一边，和粮食放在一起。最后再回去把鸡带到河的另一边。

力。而临床医学研究所揭示的真相恰恰与之相反。事实上，正是那些写下来并组织信息的人比只是用主观策略（他们经常忘记使用的）的人在记忆技巧上得到更大的提高。写下并思考信息的举动似乎比仅仅试图去记住它更能锻炼记忆系统。

时间管理

时间管理是提高你的计划性和条理性并最终提高记忆表现的一个有效方法。你们许多人听说过这个观点，但它的真正含义是什么呢？答案是通过创建一个系统来有效地处理并享受工作和人生。我们每个人都有不同的做事方法、不同的义务等，但你仍然可以应用一些基本的原则：

（1）草拟一份人生计划，记录在电子备忘录中。

（2）把事情做完。

（3）列出清单、委派任务。

（4）学会说"不"。

（5）不要工作得太晚。

草拟一份人生计划，记录在电子备忘录中

人生计划不仅关于你的工作方面，还关于你的整个生活、人际关系、家庭、朋友、健康、日常琐事等，它们每一样都编进你的计划里。草拟人生计划可以分两步走。

做一个周计划

它能帮助你计算出：什么事你花的时间最多，什么是你喜欢做却没有做的，你有没有花足够的时间在家庭上，你访友的次数够不够，你有没有时间做日常琐事……

这样做可以让你有机会仔细地看一下你在工作、家庭和休闲之间的时间分配比例，并帮助你恢复平衡，同时掌控所有的事情。

做一个月计划

在这个计划中可以使用电子备忘录，因为它能让你一次性看到整个月所做的计划。分配好工作时间后，试着给陪伴父母、约见朋友、锻炼身体、购买食物等安排成块的时间。确保你还留有一些空余的时间，因为你不想让生活太军事化，因而需要一些计划外的事情来调剂，如给自己一些自由支配时间或者一时冲动外出旅行。也不要一周每个晚上都有安排，因为你会发现自己如果过度劳累，就会感觉有些失去控制，并会注意到短时记忆和任何复杂的事情变得完全不同。

最后，将拟好的计划记录在电子备忘录中，方便查阅。

把事情做完

有个好方法就是在估计某项工作需要多长时间时多估一点时间，以保证及时完成，万一有不可预见的拖延，也能使紧张感最小化。这可能意味着能比预想的早回家，给自己的伴侣或家人一个惊喜。它会给你的老板或客户留下一个好印象。他们很欣慰你会准时完成任务。最重要的一点是，它能让你避免处于紧张状况之中，就能更加放松并发挥出非常好的潜能。

列出清单、委派任务

列清单对你有非常大的帮助。它也是将你头脑中的想法写在纸上，从而解放大脑的一个好方法。它能帮助你时时掌控局势，并在有关项目完成后进行核对。开发一个适合你自己的清单系统，你可以委派任务：

·早晨的第一件事，写下你要做的每一件事情，无论大小。

·然后将这份清单进行分解。把当天必须做的用星号标出，或将它们按照重要性的次序排列。现实一点，不要写自己没有时间达到的目标。

·查对项目，能清楚当天还剩多少时间以及还有多少事情要做。如果你有条理就能做完每件事情。

如果有许多费脑费时的任务要完成，就把当天的时间分成几大块，然后按照既定时间进行。例如，用一天的一个小时完成小的行政事务。这样，你的大脑就能解放出来，去一个一个地处理更为重要的任务。

为了最大限度地利用时间，你应该尽量在一天当中注意力最集中和精力最好的时候做最难的工作。

因此，在计划次序时尽量把低级的工作安排在一天当中你感到难以集中注意力的时候去做。窍门是明确自己表现最好的那几个小时，并据此安排自己的工作。

学会说"不"

我们从不知道做什么能让那些工作极度无序的人说"不"——这很难做到。然而，管理其他人也是生活中最能造成混乱的因素之一，而有效的时间管理和处理技巧就取决于你学会了说"不"的技巧。好消息是你用得越多就越容易。

案例

星期四的傍晚，你正打算回家。你事先已经对这一周和下一周进行了周密的计划，并且这周五可以在下午5点离开，回家享受一下夏日之夜。你感到一切在掌握之中并且心情放松，正享受着工作与生活的乐趣。

有个同事打电话来，说她（他）已经在下周一下午3：30安排了一个销售展示会，要求你参与会议准备。你十分尴尬，因为感到自己很难说"不"。

让我们看一下两种可能的结果。

（1）你说"好的"

这意味着你不得不重新调整周五的计划，因为你要为会议做准备。通知得这么晚，会议也不是很紧要，而且也可以安排别人，对此你感到有点懊恼。

你的计划受到了改变，你开始感到紧张，因此回到家时心情不快。因为你并不真正想参加会议，所以对它也就兴致不高。周一你到家晚了，而且你仍然未和老板吃个饭——原定上周五一起吃饭的，因为老板很忙，然后要去度假，所以一个月内不可能再安排一次与他会面。你的同事下次还会要你帮忙，因为她（他）知道你一定会说"好的"。

（2）你说"不行"

你已经花了时间对下一周做好了计划，而且安排好的每件事情都很重要。参加这个会议意味着将取消你盼望已久的与老板的午餐会议——讨论自己的前途。这个会议是个销售会议，而且不是十分必要。所以你说"不行"。你说"对不起，我那天已经有安排了"。你解释说自己的日程安排已满，需要再提前一点儿通知，并建议重新安排会议时间，那么自己很乐意帮忙。

虽然你的同事说她（他）接到通知也没多久，而且听上去有些不满，但你不用过于在意。你很高兴自己做出了正确的决定。这不是你的问题，而仅仅因为你的同事把她（他）自己弄得紧张不堪，并不意味着你也应该被逼到绝境。你只需按原计划行事，保持轻松，就能掌控一切。

不要工作得太晚

如果你有条理，那么没有必要工作得太晚。工作得太晚让你又累又紧张，而且干扰你支配时间。当然，我们有时不得不工作到很晚，如果你发现自己经常性地工作到很晚，那么你就很有必要更好地对待你的工作负担问题了。不要期望以工作到很晚来给老板留下好印象，因为他可能会认为你对工作难以驾驭，因而你想要留个好印象的想法可能适得其反。比它好得多的办法是规划自己的时间、努力工作、保持精神抖擞，并且不要让工作太多地侵占自己的个人时间。

我们不应该忘记的是，我们是为了生活而工作。为了自己的身体健康，适当的时候最好先把工作放一下。

区分任务的优先次序

通过区分自己工作任务的优先次序，你就能将注意力集中到那些至关重要的任务上，因而避免使自己的时间安排表拥挤不堪。将你的职责分成以下四类。

重要和紧急的

这一类的任务具有优先权，必须马上就做。

重要但不紧急的

这些任务虽然很重要，因为它们不紧急，所以可以在将来某个适当的时间去完成。

紧急但不重要的

它们是对你的主要干扰，因为这些任务通常对别人来说紧急但对你来说并不重要。你的选择是拒绝、找别人去做，或者商量改变时间。

不紧急也不重要的

这些任务可以完全被抛在脑后（直到它们转变为上述类别之一）。

提高自己的组织能力

不要丢失日常物品

养成总是把东西放在一个地方的习惯。例如，在门边放上一排钩子，总是将自己的钥匙放在那儿。

将银行账单，以及其他东西分开存档。这样就能帮助你记住哪些你已经做了、哪些需要去做。

列清单

列出所有你需要做的，记得将它们按先后次序排列。每完成一件就将它勾掉。

为明天做准备

每天晚上，仔细考虑一下自己明天需要什么，然后在睡前整理好自己的行囊或公文包。这样就能避免在第二天早上匆匆忙忙，以致忘了自己当天所需的重要东西。

在门边放一张清单以便在自己离开前查一下是否一切完备。

为明天做计划

你可以把这个系统扩展为针对每一天的改良清单。试着在每天结束时划掉所有的事项，然后在晚上就能放松休息，睡得更好，精神焕发地迎来新的一天。

为下周做计划

星期五的下午对下周所要做的所有事情进行统一安排。把你需要做的工作、家务事，或者学习进度列出一张清单。对它们区分优先次序，同时注意你能做多少。从时间关系上看一下你所计划要做的事情以及其他的事情，然后确定你的计划是否最大限度地利用了自己的时间。在一周结束时，写出这样一份清单让你头脑清醒地过个周末，这意味着你因为知道一切在自己的控制之中而可以放松地休息。到了星期一的早晨，你知道自己能在下一周里完成自己所需要做的，而且不会忘记重要的事项。

激发永久记忆

激发永久记忆这个练习旨在激发你的永久记忆。你不需要做任何思考，它能自动地形成。这样可能有一点不便。有时，你可能会为回忆不起一件往事而闷闷不乐，有时你回想起来的事情没有意义，会让你心烦意乱甚至更糟，令你不愉快。

怎么办呢？我们要蓄势待发，刺激我们的永久记忆。这样做的方法有很多。最简单的就是，坐下来回顾往事。你可以漫无目的地畅游在往事之中，也可以搭建回忆的思路（童年往事、校园生活、难忘的经历，任何能使你产生回忆的事情），任由你的思绪漫步在往事中。你越是放松就越能回想起美好的往事。另外一种刺激记忆的方法就是将所有的往事记录下来（不需要很专业的写作水平，简单的笔记就可以），或者向你的亲戚朋友讲述往事。如果你确定需要寻找倾诉的对象，那么这个人一定要愿意倾听你的往事而且值得信赖。

还有一种激发永久记忆的方法便是看看能使你产生回忆的小物件和照片，或者你曾经去的地方。这是非常重要的引导因素，你会发现一旦你照着做了，一些思绪就会像泉水般汩汩涌出。

最后，你应该向朋友、亲戚，或熟人袒露心扉，讲讲你的往事。很多人现在热衷于这样做。

对于许多人来说，整理好永久记忆会给我们带来很多好处。它能帮助我们形成健康的思维，进行良好的自我定义，对自己充满信心，相信自己能适应自己的生活。你可以从中得到温暖和安全感，这是你服用药物所不能得到的。

如果你的过去有争执、不快，以及压抑的情感，你必须找一个经验丰富的心理医生帮助整理思绪，回忆往事。

为了使你能有美好的回忆旅程，试着接受以下几点建议。

（1）写下或说说你记忆犹新的一件往事。如果你有许多开心的回忆，选择一件最令你高兴的事。检索思绪能锻炼你的思维，同时会让你觉得有意义。

（2）和朋友讨论，谁是你最想再次见到的人。为什么他对你如此的重要？回忆所有与他相关的事情。一旦你开始回忆，你会发现其他的往事已经浮现在你眼前。

（3）列举你的成就。不需要什么宏伟的成就，小小的成就对你来说也是很有意义的。

（4）说出你小时候最喜爱的电视节目，尽可能回忆所有的细节。你为什么喜欢这个节目？如果现在有重播，你是否还会一如既往地喜欢？

（5）写一些关于宠物的事。与宠物在一起的时光总是那么美好，它对你回想往事有很大的影响力。

（6）列举一个改变（或者试图改变）你一生的人。如果你再次遇见他，你会对他说什么？

（7）回想关于你的父母对你记忆最深刻的事。关于父母的一些回忆往往也是非常重要的。

（8）你从事过的最好的工作是什么？最坏的呢？你是否在走自己期望的事业路线？你喜欢自己的工作、生活吗？或者你是否想做一些不同的事情？

（9）你最想"回放"的一件往事是什么？如果可以再来一次，你想改变什么吗？或者它已经非常完美，你还想有改变吗？

（10）回想过去的某一天，越详细越好。不仅是对人和事的回忆，同时要跟随对事物的颜色、质地和气味的感觉。

第五章
CHAPTER 5

左右脑开发，拥有超级记忆力

思维是激发记忆潜能的魔法

启动大脑的发散性思维

思维导图是发散性思维的表达，作为思维发展的新概念，发散性思维是思维导图最核心的表现。

比如下面这个事例。

在某个公司的一次活动中，公司老总和员工们做了一个游戏：

组织者把参加活动的人分成了若干个小组，每个小组选出一个小组长扮演"领导"的角色，不过，"领导"的台词只有一句，那就是要充满激情地说一句："太棒了！还有呢？"其余的人扮演员工，台词是："如果……该多好！"游戏的主题词设定为"马桶"。

当主持人宣布游戏开始的时候，大家出现了一阵习惯性的沉默，不一会儿，突然有人开口："如果马桶不用冲水，又没有臭味该多好！"

"领导"一听，激动地一拍大腿："太棒了！还有呢？"

另外一个员工接着说："如果坐在马桶上也不影响工作和娱乐该多好！"

又一位"领导"也马上伸出大拇指："太棒了！还有呢？"

"如果小孩在床上也能上马桶该多好！"

……

讨论进行得热火朝天，各人想法天马行空，出乎大家的意料。

这个公司的管理人员对此进行了讨论，并认为有三种马桶可以尝试生产并投入市场：一种是能够自行处理，能把废物转化成小体积密封肥料的马桶；一种是带书架或耳机的马桶；还有一种是带多个"终端"的马桶，即小孩老人都可以在床上方便，废物可以通过"网络"传到"主"马桶里。

这个游戏获得了巨大的成功，成功的因素之一是发散性思维的运用。

针对这个游戏，我们同样可以利用思维导图表示出来。

大脑作为发散性思维联想"机器"，思维导图就是发散性思维的外部表现，因为思维导图总是从一个中心点开始向四周发散，其中的每个词汇或者图像自身都成为一个子中心，整个合起来以一种无穷无尽的分支链的形式从中心向四周发散，或者归于一个共同的中心。

我们应该明白，发散性思维是一种自然的思维方式，人类所有的思维都是以这种方式发挥作用的。一个人拥有发散性思维的大脑，并以一种发散性的形式来表达自我，它会反映自身思维过程的模式，给我们更多更大的帮助。

进入右脑思维模式

我们的大脑由左右脑组成，左脑负责语言逻辑及归纳，而右脑主要负责的是图形图像的处理记忆。所以右脑模式就是以图形图像为主导的思维模式。进入右脑模式以后是什么样子呢？

简单来说，就是在不受语言模式干扰的情况下可以更加清晰地感知图像，并忘却时间，而且整个记忆过程会很轻松并且快乐，可以更深层次地感受事物的真相，不需要语言就可以立体、多元化、直观地看到事物发生发展的来龙去脉，关键是可以增加图像记忆和在大脑中直接看到构思的图像。

如何使用右脑记忆

想使用右脑记忆，我们应该怎样做呢？

由于左右侧的活动与发展通常是不平衡的，往往右侧活动多于左侧活动，因此有必要加强左侧活动，以促进右脑功能。

在日常生活中我们尽可能多使用身体的左侧，这是很重要的。身体左侧多活动，右侧大脑就会发达。右侧大脑增强，人的灵感、想象力就会增加。比如在使用小刀和剪子的时候用左手，拍照时用左眼，打电话时用左耳。

多锻炼你的左手

还可以见缝插针锻炼左手。如果每天得在汽车上度过较长时间，可借机锻炼身体左侧。如用左手指钩住车把手或手扶把手，让左脚单脚支撑站立。或将钱放在自己的衣服左口袋，上车后用左手取钱买票。有人设计一种方法：在左手食指和中指上套上一根橡皮筋，使之成为"8"字形，然后用拇指把橡皮筋移套到无名指上，仍使之保持"8"字形。以此类推，再将橡皮筋套到小指上，如此反复多次，可有效地刺激右脑。此外，有意地让左手干右手习惯做的事，如写字、拿筷、刷牙、梳头等。

这类方法具有独特价值。苏联著名教育学家苏霍姆林斯基说："儿童的智慧在手指头上。"许多人让儿童从小练弹琴、打字、珠算等，这样双手的协调运动，会把大脑皮层中相应的神经细胞的活力激发起来。

还可以采用环球刺激法。尽量活动左手指，促进右脑功能，是这类方法的目的。例如，每捏扁一次健身环需要 10 ～ 15 千克握力，五指捏握时，又能对手掌各穴位进行刺激、按摩。

左手捏握，对右脑起激发作用。有人数年在家中备副球，活动左右手，确有健脑益智之效。此外，多用左、右手掌转捏核桃，作用也一样。

使用右脑，学习能力也会提高。

你可以尝试着在自己喜欢的书中选出 20 篇感兴趣的文章来，每一篇文章都是能读 2 ~ 5 分钟的，然后下决心开始练习右脑记忆，不间断坚持 3 ~ 5 个月，看看效果如何。

超右脑照相记忆法

不可忽视的右脑照相记忆

著名的右脑训练专家七田真博士对一些理科成绩只有 30 分左右的小学生进行了右脑记忆训练。所谓训练，就是这样一种游戏：摆上一些图片，让他们用语言将相邻的两张图片联想起来记忆，如"石头上放着草莓，草莓被鞋踩烂了"等。

这次训练的结果是这些只考 30 分的小学生都能得 100 分。

通过这次训练，七田真指出，和左脑的语言性记忆不同，右脑中具有另一种被称作"图像记忆"的记忆，这种记忆可以使只看过一次的事物像照片一样印在脑子里。一旦这种右脑记忆得到开发，那些不愿学习的人也可以立刻拥有出色记忆力，变得"聪明"起来。

同时，这个实验告诉我们，每个人自身都储备着这种照相记忆的能力，你需要做的是如何把它挖掘出来。

现在我们来测试一下你的视觉想象力。你能内视到颜色吗？或许你会说："噢！见鬼了，怎么会这样？"请赶快闭上你的眼睛，内视一下自己眼前有一个红色、黑色、白色、黄色、绿色、蓝色然后又是白色的电影银幕。

看到了吗？哪些颜色你觉得容易想象，哪些颜色你又觉得想象起来比较困难呢？还有，在哪些颜色上你需要用较长的时间来想象？

请你再想象一下眼前有一个画家，他拿着一支画笔在一张画布上画。这种想象能帮助你提高对颜色的记忆。你多练习几次就知道了。

当你有时间或想放松一下的时候，请重复做这一练习。你会发现一次比一次更容易地想象了。当然你可以做做白日梦，从尽可能美好的、正面的图像开始，因为根据经验，正面的事物比较容易记在头脑里。

你可以回忆一下在过去的生活中，一幅让你感觉很美好的画面：如某个假日、某种美丽的景色、你喜欢的电影中的某个场面等。请你尽可能努力地并且带颜色地内视这个画面，想象把你自己放进去，把这幅画面的所有细节都描绘出来。在繁忙的一天中用几分钟闭上你的眼睛，在脑海里呈现一下这样美好的回忆，如此你必定会感到非常放松。

当然，照相记忆的一个基本前提是你需要把资料转化为清晰、生动的图像。

清晰的图像就是要有足够多的细节，每个细节都要清晰。

比如，要在脑中想象"萝卜"的图像，你的"萝卜"是红的还是白的？叶子是什么颜色的？萝卜是满了泥还是洗得干干净净的呢？

图像轮廓越清楚，细节越清晰，图像在脑中留下的印象就越深刻，越不容易被遗忘。

再举个例子，如想象"公共汽车"的图像，就要弄清楚你脑海中的公共汽车是崭新的还是又老又旧的？车有多高、多长？车身上有广告吗？车是静止的还是运动的？车上乘客很多，还是比较少？

生动的图像就是要充分利用各种感官，视觉、听觉、触觉、嗅觉、味觉，给图像赋予这些感官可以感受到的特征。

想象图像时都用到了视觉效果。

在这两个例子中也可以用到其他几种感官效果。

在创造萝卜的图像时，可以想象一下：萝卜皮是光滑的还是粗糙的？生萝卜是不是有种清香味？如果咬一口，又会是一种什么味道呢？在创造公共汽车的图像时，也可以想象：公共汽车的笛声是小还是大？如果是老旧的公共汽车，行驶起来是不是不顺畅？

右脑照相记忆训练

经过上面的几个小训练之后，你关闭的右脑大门或许逐渐开启，但要想形成"一眼记住全像"的照相记忆，你还必须要进行下面的训练。

（1）一心二用（5分钟）

"一心二用"训练就是锻炼左右手同时画图。拿出一支铅笔，左手画横线，右手画竖线，要两只手同时画。练习一分钟后，左手画竖线，右手画横线。一分钟之后，再交换，反复练习，直到画出来的图形完美为止。这个练习能够强烈刺激右脑。

你画出来的图形还令自己满意吗？刚开始的时候画不好是很正常的，不要灰心，随着练习的次数越来越多，你会画得越来越好。

（2）想象训练（5分钟）

我们都有这样的体会，记忆图像比记忆文字花费时间更少，也更不容易忘记。因此，在我们记忆文字时，也可以将其转化为图像，记忆起来就简单得多，记忆效果也更好了。

想象训练就是把目标记忆内容转化为图像，然后在图像与图像间创造动态联系，通过这些联系能很容易地记住目标记忆内容及其顺序。这种联系可以采用夸张、拟人等各种方式，图像细节越具体、越清晰越好。但这种想象又不是漫无边际的，必须用一两句话就可以表达。

如现在有两个水杯、两只蘑菇，请设计一个场景，水杯和蘑菇是场景中的主体，你能想象出这个场景是什么样的吗？越奇特越好。

对于照相记忆，很多人不习惯把资料转化成图像，不过，只要能坚持不懈地训练就可以了。

另类思维创造记忆天才

"0"是尽人皆知的一种最简单的数字。这里，除了数字表意功能以外，请你发挥创造性想象力，静心苦想一番，看看"0"到底是什么，你一共能想出多少种，想得越多越好，一般不应少于30种。

为了使你能尽快地进入角色，现做如下提示：有人说这是零，有人说这是脑袋，有人说这是地球，有人说这是宇宙。几何教师说"是圆"，英语老师说"是英文字母O"，化学老师讲"是氧元素符号"，美术老师讲"这是一个蛋"。幼儿园的小朋友们认为"是面包""是铁环""是项链""是孙悟空头上的紧箍咒""是杯子""是叔叔脸上的小麻坑"……

另类思维创造记忆天才

另类思维就是能对事物做出多种多样的解释。

之所以说另类思维创造记忆天才，是因为所谓"天才"的思维方式和普通人的传统思维方式是不同的。一般记忆天才的思维主要有以下几个方面。

思维的多角度

记忆天才往往会发现某个他人没有采取过的新角度。这样培养了他的观察力和想象力，同时也能培养他的思维能力。通过对事物多角度的观察，在对问题认识的不断深入中，就记住了要记住的内容。

大画家达·芬奇认为，为了获得有关某个问题的构成的知识，首先要学会如何从许多不同的角度重新构建这个问题。当他觉得，他看待某个问题的第一种角度太偏向于自己看待事物的通常方式，他就会不停地从一个角度转向另一个角度，重新构建这个问题。他对问题的理解和记忆就随着角度的每一次转换而逐渐加深。

善用形象思维

伽利略用图表形象地体现出自己的思想，从而在科学上取得了革命性的突破。天才一旦具备了某种起码的文字能力，似乎就会在视觉和空间方面形成某种技能，使他们得以通过不同途径灵活地展现知识。当爱因斯坦对一个问题做过全面的思考后，他往往会发现，用尽可能多的方式（包括图表）表达思考对象是必要的。他的思想是非常直观的，他运用直观和空间的方式思考问题，而不用沿着纯数学和文字的推理方式思考问题。爱因斯坦认为，数字和文字在他的思维过程中发挥的作用并不重要。

天才设法在事物之间建立联系

如果说天才身上体现的是一种特殊能力，那就是他具有把不同的对象放在一起进行比较的能力。这种在没有关联的事物之间建立关联的能力使他们能很快记住别人记不住的东西。德国化学家弗里德里·凯库勒梦到一条蛇咬住自己的尾巴，从而联想到苯分子的环状结构。

天才善于比喻

亚里士多德把善于比喻看作天才的一个标志。他认为，那些能够在两种不同类事物之间发现相似之处并把它们联系起来的人具有特殊的才能。如果相异的东西从某种角度看上去确实是相似的，那么，它们从其他角度看上去可能也是相似的。这种思维能力加快了记忆的速度。

创造性思维

我们的思维方式通常是复制性的，即以过去遇到的相似问题为基础。

相比之下，天才的思维具有创造性。遇到问题的时候，他们会问："能有多少种方式看待这个问题？""怎么反思这些方法？""有多少种解决问题的方法？"他们常常能对问题提出多种解决方法，而有些方法是非传统的，甚至是奇特的。

运用创造性思维，你就会找到尽可能多的可供选择的记忆方法。

诺贝尔奖获得者理查德·费因曼在遇到难题的时候总会萌发出新的思考方法。他觉得，自己成为天才的秘密就是不理会过去的思想家如何思考问题，而是创造出新的思考方法。你如果不理会过去的人如何记忆，而是创造新的记忆方法，那你有可能也会成为记忆天才。

左右脑并用创造记忆的神奇效果

造就非凡记忆力

成功学大师拿破仑·希尔说，每个人都有巨大的创造力，关键在于你自己是否知道这一点。

在当今各国，创造力备受重视，被认为是跨世纪人才必备能力之一。什么是创造力？创造力是个体对已有知识经验加工改造，从而找到解决问题的新途径，以新颖、独特、高效的方式解决问题的能力。人人都有创造力，创造力的强弱制约并影响着记忆力的强弱，创造力越强，记忆的效率就越高，反之则低。

创造力成就你的记忆力

要有效记忆就必须大胆地想象，而生动、夸张的想象需要我们拥有灵活的创造力，如果创造力得到了很大的锻炼，记忆力自然会随着提升。

创造力有以下三个特征。

变通性

成功人士能随机应变，举一反三，不易受心理定式的干扰，因此能产生超常的构想，提出新观念。

流畅性

反应既快又好，能够在较短的时间内表达出较多的观念。

独特性

对事物具有不寻常的独特见解。

我们可以通过以下几种方法激发创造力，从而增强记忆力。

问题激发原则

有些人经常接触大量的信息，但没有把所接触的信息都存储在大脑里，这是因为他们的头脑里没有预置要搞清或有待解决的问题。如果头脑里装着问题，大脑就处于非常敏感的状态，一旦接触信息，就会从中把对解决问题可能有用的信息抓住不放，从而加大了有效信息的输入量，这就是问题激发。

使信息活化

信息活化是指这一信息越能同其他更多的信息进行联结，越能使这一信息的活性增强，储存在大脑里的信息活性就越强，在思考过程中，就越容易将其进行重新联结和组合。促使信息活化的主要措施有：

（1）打破原有信息之间的关联性。

（2）充分挖掘信息可能表现出的各种性质。

（3）尝试着将某一信息同其他信息建立各种联系。

信息触发

人脑是一个非常庞大而复杂的神经网络，每一次的信息存储、调用、加工、联结、组合，都促使神经网络在一定程度上发生了变化。变化的结果使原来不太畅通的神经通道变得畅通一些，本来没有发生联结的神经细胞突然联结了起来，这样一来，神经网络就变得复杂，神经元之间的联系就更广泛，大脑也就更好使。

同时，当某些神经元受信息的刺激后，它会向四周传递，使与之相联结的神经元兴奋和冲动，这种连锁反应，在脑皮质里形成了大面积的活动区域。

可见，人只有在大量的信息传递中，才能使自己的智力获得发展和被开发利用。经常不断地用各种各样的信息去刺激大脑，促进创造性思维的发展和提高，这就是信息触发原理。

一个创造力强的人，必须是一个善于打破记忆常规的人，并且是一个有着丰富的想象力、敏锐的观察力、深刻的思考力的人。而所有这些特质，都是提升记忆力所必需的。毋庸置疑，创造力已经成为创造非凡记忆力的本源和根基。对于如何激活自己的创造力，你可以加上自己的思考，试着画一幅个性思维导图。

给知识编码，加深记忆

编码记忆让你快速记忆

编码记忆是指为了更准确而且快速地记忆，我们可以按照事先编好的数字或其他固定的顺序记忆。编码记忆方法是研究者根据诺贝尔奖获得者美国心理学家斯佩里和麦伊尔斯的"人类左右脑机能分担论"，把人的左脑的逻辑思维与右脑的形象思维相结合的记忆方法。

编码记忆法有利于开发右脑

反过来说，经常用编码记忆法练习，也有利于开发右脑的形象思维。其实早在19世纪时，威廉·斯托克就已经系统地总结了编码记忆法，并编写成了《记忆力》一书，于1881年正式出版。编码记忆法的最基本点，就是编码。

所谓"编码记忆"就是把必须记忆的事情与相应数字相联系并进行记忆。

例如，我们可以把房间里的东西编号如下：1.房门；2.地板；3.鞋柜；4.花瓶；5.日历；6.橱柜；7.壁橱；8.画框；9.海报；10.电视机。如果说"2"，马上回答"地板"。如果说"3"，马上回答"鞋柜"。这样将各数字号码记住，再与其他应该记忆的事项进行联想。

开始先编10个左右的号码。先对脑子里浮现出的房间物品的形象进行编号。以后只要想起编号，就能马上想起房间内的各种事物，这只需要5～10分钟即可记下来。在反复练习过程中，就能清楚地记忆了。

这样的练习进行得较熟练后，再增加10个左右。如果能做几个编码并进行记忆，就可以灵活应用了。你也可以把自己的身体各部位进行编码，这样对提高记忆力非常有效。

作为编码记忆法的基础，如前所述，就是把房间物品编上号码，这就是记忆的"挂钩"。

请你把下述实例，用联想法联结起来，记忆一下这件事：1.飞机；2.书；3.橘子；4.富士山；5.舞蹈；6.果汁；7.棒球；8.悲伤；9.报纸；10.信。

先把这件事按前述编码法联结起来，再用联想的方法记忆。联想举例如下：

（1）房门和飞机：想象房门处被巨型飞机撞击或撞出火星。

（2）地板和书：想象地板上的书在脱鞋。

（3）鞋柜和橘子：想象打开鞋柜后，无数橘子飞出来。

（4）花瓶和富士山：想象花瓶上长出富士山。

（5）日历和舞蹈：想象日历在跳舞。

（6）橱柜和果汁：想象装着果汁的大杯子里放的不是冰块，而是橱柜。

（7）壁橱和棒球：想象棒球运动员把壁橱当成防护用具。

（8）画框和悲伤：画框掉下来砸了脑袋，最珍贵的画框摔坏了，因此而伤心流泪。

（9）海报和报纸：想象报纸代替海报贴在墙上。

（10）电视机和信：想象大信封上装有荧光屏，信封变成了电视机。

如按上述方法联想记忆，无论采取什么顺序都能马上回忆出来。

这个方法也能这样进行练习，先在纸上写出 1 ~ 20 的号码，让朋友说出各种事物，把事物写在号码下面，同时用联想法记忆。然后让朋友随意说出任何一个号码，如果回答正确，画一条线勾掉。

掌握了编码记忆的基本方法后，身边的事物都可以编上号码进行记忆，把记忆内容回忆起来。

用夸张的手法强化印象

开发右脑的方法有很多，荒谬联想记忆法就是其中的一种。我们知道，右脑主要以图像进行思考，荒谬记忆法几乎建立在这种方式的基础之上，从所要记忆的一个项目上尽可能荒谬地联想到其他事物。

古埃及人在《阿德·海莱谬》中有这样一段话："我们每天所见到的琐碎的、司空见惯的小事，一般情况下是记不住的。而听到或见到的那些稀奇的、意外的、低级趣味的、丑恶的或惊人的触犯法律等异乎寻常的事情，却能长期记忆。因此，在我们身边经常听到、见到的事情，平时也不去注意它，然而，在少年时期所发生的一些事却记忆犹新。那些用相同的目光所看到的事物，那些平常的、司空见惯的事很容易从记忆中漏掉，而一反常态、违背常理的事情，却能永远铭记不忘，这是否违背常理呢？"

古埃及人当时并不懂得记忆的规律才有此疑问。其实，在记忆深处对那些荒诞、离奇的事物更为着迷……这就是荒谬记忆法的来源，概括地讲，荒谬联想指的是非自然的联想，在新旧知识之间建立一种牵强附会的联系。这种联系可以是夸张的。

荒谬记忆法

你可以用这种记忆法来记住你所学过的英语单词。例如，你用这种方法只需要看一遍英语单词，当你一边看这些单词，一边在头脑中进行荒谬的联想时，你会在极短的时间内记住近20个单词。

例如，记忆"legislate（立法）"这个单词时，可先将该词分解成 leg、is、late 三个字母，然后把"legislate"记成"为腿（leg）立法，总是（is）太迟（late）"。这样荒谬的联想，以后我们就不容易忘记。关于学习科目的记忆方法，我们在后面章节中会提到。在这一节中，我们从最普通的例子说明荒谬联想记忆应如何操作。

荒谬记忆法的运用

以下是20个词汇，如果应用荒谬记忆法，你将能够在一个短得令人吃惊的时间内记住它们：

地毯 纸张 瓶子 床 鱼 椅子 窗子 电话 香烟 钉子 打字机 鞋子 麦克风 钢笔 收音机 盘子 胡桃壳 马车 咖啡壶 砖块

你要做的第一件事是，在心里想到一幅图画——"地毯"。你可以把它与你熟悉的事物联系起来。实际上，你很快就能看到你自己家里的地毯。或者想象你的朋友正在卷起你的地毯。

这些你熟悉的词汇本身将作为你已记住的事物，你现在知道或者已经记住的事物是"地毯"这个词汇。现在，你要记住的事物是"纸张"。你必须将地毯与纸张相联想或相联系，联想必须尽可能地荒谬。如想象你家的地毯是纸做的，想象瓶子也是纸做的。

接下来，在床与鱼之间进行联想或将二者结合起来，你可以"看到"

一条巨大的鱼睡在你的床上。

现在是鱼和椅子，一条巨大的鱼正坐在一把椅子上，或者一条大鱼被当作一把椅子用，你在钓鱼时正在钓的是椅子，而不是鱼。

椅子与窗子：看见你自己坐在一块玻璃上，而不是坐在一把椅子上，并感到扎得很痛，或者是你自己猛力地把椅子扔到关闭着的窗子上，在进入下一幅图画之前先看到这幅图画。

窗子与电话：看见你自己在接电话，但是当你将话筒靠近你的耳朵时，你手里拿的不是电话而是一扇窗子；或者是你可以把窗户看成是一个大的电话拨号盘，你必须将拨号盘移开才能朝窗外看，你能看见自己将手伸向一扇窗玻璃去拿起话筒。

电话与香烟：你正在拿一部电话，而不是一支香烟，或者是你将一支大的香烟向耳朵凑过去对着它说话，而不是对着电话筒，或者你自己拿起话筒来，一百万支香烟从话筒里飞出来打在你的脸上。

香烟与钉子：你正在抽一颗钉子，或你正把一支香烟而不是一颗钉子钉进墙里。

钉子与打字机：你在用一颗巨大的钉子钉进一台打字机，或者打字机上的所有键都是钉子。当你打字时，它们把你的手弄得很痛。

打字机与鞋子：看见你自己穿着的是打字机，而不是穿着鞋子，或是你用你的鞋子在打字，你也许想看看一只巨大的带键的鞋子，是如何在上边打字的。

鞋子与麦克风：你穿着麦克风，而不是穿着鞋子，或者你在对着一只巨大的鞋子播音。

麦克风和钢笔：你用一个麦克风，而不是一支钢笔写字，或者你在对一支巨大的钢笔播音和讲话。

钢笔和收音机：你能"看见"一百万支钢笔喷出收音机，或是钢笔正在收音机里表演，或是在大钢笔上有一台收音机，你正在那上面收听节目。

收音机与盘子：把你的收音机看成是你厨房的盘子，或是你正在吃收音机里的东西，而不是盘子里的。或者你在吃盘子里的东西，并且当你在吃的时候，听盘子里的节目。

盘子与胡桃壳："看见"你自己在咬一个胡桃壳，但是它在你的嘴里破裂了，因为那是一个盘子，或者想象用一个巨大的胡桃壳盛饭，而不是用一个盘子。

胡桃壳与马车：你能看见一个大胡桃壳驾驶一辆马车，或者看见你自己正驾驶一个大的胡桃壳，而不是一辆马车。

马车与咖啡壶：一只大的咖啡壶正驾驶一辆小马车，或者你正驾驶一把巨大的咖啡壶，而不是一辆小马车，你可以想象你的马车在炉子上，咖啡在里边过滤。

咖啡壶和砖块：看见你自己从一块砖中，而不是一个咖啡壶中倒出热气腾腾的咖啡，或者看见砖块，而不是咖啡从咖啡壶的壶嘴涌出。

这就对了！如果你的确在心中"看"了这些心视图画，你再按从"地毯"到"砖块"的顺序记20个词汇就不会有问题了。当然，要多次解释这点比简简单单照这样做花的时间多得多。在进入下一个词汇之前，只能用很短的时间再审视每一幅通过联想进行的画面。这种记忆法的奇妙是，一旦记住了这些荒谬的画面，词汇就会在你的脑海中留下深刻的印象。

神奇比喻，降低理解难度

比喻记忆法就是运用修辞中的比喻方法，使抽象的事物转化成具体的事物，从而符合右脑的形象记忆能力，达到提高记忆效率的目的。人们写文章、说话时总爱打比方，因为生动贴切的比喻不但能使语言和内容显得新鲜有趣，而且能引发人们的联想和思索，并且容易加深记忆。

神奇的比喻易于理解记忆

比喻与记忆密切相关，那些新颖贴切的比喻容易纳入人们已有的知识结构，使被描述的材料给人留下难以忘怀的印象。其作用主要表现在以下几个方面。

变未知为已知

例如，孟繁兴在《地震与地震考古》中讲到地球内部结构时以"鸡蛋"打比方："地球内部大致分为地壳、地幔和地核三大部分。整个地球，打个比方，它就像一个鸡蛋，地壳好比是鸡蛋壳，地幔好比是蛋白，地核好比是蛋黄。"这样，把那些尚未了解的知识与已有的知识经验联系起来，人们便容易理解和掌握。

再如沿海地区刮台风，内地绝大多数人只是耳闻，未曾目睹，而读了诗人郭小川的诗歌《战台风》后，便有身临其境之感。"烟雾迷茫，好像十万发炮弹同时炸林园；黑云乱翻，好像十万只乌鸦同时抢麦田"；"风声凄厉，仿佛一群群狂徒呼天抢地咒人间；雷声呜咽，仿佛一群群恶狼狂嗥猛吼闹青山"；"大雨哗哗，犹如千百个地主老爷一齐挥皮鞭；雷电闪闪，犹如千百个衙役腿子一齐抖锁链"。

这些比喻，把许多人未能体验过的特有的自然现象活灵活现地表达出来，开阔了人们的眼界，同时也深化了记忆。

变平淡为生动

例如，朱自清在《荷塘月色》中写到花儿的美时这么说："层层的叶子中间，零星地点缀着些白花，有袅娜地开着的，有羞涩地打着朵儿的，正如粒粒的明珠，又如碧天里的星星。"

有些事物如果平铺直叙，大家会觉得平淡无味，而恰当地运用比喻，往往会使平淡的事物生动起来，使人们兴奋和激动。

变深奥为浅显

东汉学者王充说："何以为辩，喻深以浅。何以为智，喻难以易。"就是说应该用浅显的话来说明深奥的道理，用易懂的事例来说明难懂的问题。

运用比喻，还可以帮助我们很快记住枯燥的概念公式。例如，有人讲述生物学中的自由结合规律时，用篮球赛来作比喻加以说明：赛球时，同队队员必须相互分离，不能互跟。这好比同源染色体上的等位基因，在形成F1配子时，伴随着同源染色体分开而相互分离，体现了分离规律。赛球时，两队队员之间，可以随机自由跟人。这又好比F1配子形成基因类型时，位于非同源染色体上的非等位基因之间，

★ 图中是鸭子还是兔子？如果被试者从未见过，鸭－兔实验的效果就最好。为什么不尝试让朋友们看看此图，看他们是怎么解释的呢？

则机会均等地自由组合，即体现了自由组合规律。把枯燥的公式比作篮球赛，自然就容易记住了。

变抽象为具体

将抽象事物比作具体事物可以加深记忆效果。如地理课上的气旋可以比成水中漩涡。某老师在教学生计算机时，用比喻来介绍"文件名""目录""路径"等概念，形象地把文件比作练习本，把文件名比作在练习本封面上写姓名、科目等；把文字输入称为"做作业"。各年级老师办公室就像是"目录"；如果学校是"根目录"的话，校长要查看作业，先到办公室通知教师，教师到教室通知学生，学生出示相应的作业，这样的顺序就是"路径"。这样的形象比喻，会使学生觉得所学的内容形象、生动，从而增强记忆效果。

又如，唐代诗人贺知章的《咏柳》：

碧玉妆成一树高，万条垂下绿丝绦。
不知细叶谁裁出，二月春风似剪刀。

春风的形象并不鲜明，可是把它比作剪刀就具体形象了，使人马上

领悟到柳树碧、柳枝绿、柳叶细，都是春风的功劳。于是，这首诗便记住了。

运用比喻记忆法，实际上是增加了一条类比联想的线索，它能够帮助我们打开记忆的大门。但是，应该注意的是，比喻要形象贴切、浅显易懂，这样才便于记忆。

第六章
CHAPTER 6

过目不忘的记忆秘诀，
1分钟练就超强大脑

联想记忆法

联想法

联想是将你想要记住的东西和你已知的东西之间形成联系的过程。尽管许多联想是自动产生的，但是联想的意识创造是将新信息编译的一个极好方法。将一事物与另一事物联想起来，便于我们记忆。例如，小安时常会忘记"樱草"（一种植物，人们喜欢叫它"兔耳朵"）这个词。他注意到它的叶子长得像小轮子，于是他就叫它"骑车的人"，之后就再没忘记过。联想有利于记住一些奇怪而又简单的信息。如果你进行了联想，你在心里重复几遍或大声复述几遍将有助于你记忆。

这一方法可以用于记忆这些事情：你的新邻居的名字；你的朋友居住的小区；你想推荐的一部电影的名字；去往新开张的商店的路是向右转还是向左转；去往朋友家的公交汽车站点。

实际应用

小月：初到一个新城市，认识了许许多多的新同学，其中有一位同学的名字叫华振兴。由于某种原因，我一直记不住他的名字。后来我在记忆课上学了联想这个方法并试着使用。我默念了几次"华振兴"之后，我突然想到有一句口号"振兴中华"。我认为我可以将"华振兴"与"振兴中华"联系在一起记住他的名字。每次我看到他，我就会想着"振兴中华"。

李先生：在读中学的时候，对汉代的三次大规模农民起义的记忆让我伤透脑筋，其中，一是公元17年发生的绿林起义；二是公元18年发生的赤眉军起义；三是公元184年发生的黄巾起义。前两次发生在西汉，后一次发生在东汉。最让人头痛的是起义名称和先后顺序很容易搞混。为此，我通过联想进行记忆：这三次起义的名称都有颜色，即绿、红、黄，可以将这种变化同枫叶联系起来记忆。枫叶春夏时绿，秋天变红，冬天变黄。这样一来，不但不容易弄混，而且容易记忆。

岳山：我总是记不住意大利的版图，后来，我对它进行了联想。我注意到，意大利的版图很像高筒的马靴经过联想处理后，我永远都忘不了意大利版图的样子。

细节观察法

概述

　　记住你没有清楚地观察过的事物或不感兴趣的事物通常是困难的。细节观察是有意识地去注意你所看见、听见或读到的事物的过程。运用细节观察，你会发现一张照片，一张新面孔，一处自然景观，一件发生在街道上的事情带给你的震撼。积极观察相对周围的事物不进行思考，或因不感兴趣而听之任之的消极生活态度是截然不同的。记忆的关键是对其感兴趣。

　　一个短暂、未经审查的想法是毫无价值并且很容易遗忘的。当我们将一个想法或主意详细说明之后，我们能将它更深刻地编译。当某些事情非常有趣或富有争议时，例如，第一次打篮球，我们不用有意识地去记就能将这一经历非常深刻地记住。我们评论发生的事件；我们试图了解发生了什么；我们将它与我们知道的情形联系起来；我们问自己对它的感觉如何，这些过程可以有意地用作一种可以将我们想记住的信息进行编译的方法。

这种方法可以用于记忆这些事情：你在一家商店中看到一条被子的图案；如何玩朋友教你的新游戏；你看到的许多人的面貌；新买的吸尘器的使用方法；两位市长候选人的简介；你在大学里所学的课程；你和朋友讨论的一本书的情节。

实例运用

阿曼：我最近买了一台录像机，读着冗长乏味的使用说明书，按照它们来录制我最喜欢的电视节目。第二次我试着录一个电视节目时，我想不起来如何做了，就不得不重看了一遍使用说明书。由于我想不查阅这本手册就能使用录像机，我复述了一遍所有的步骤，了解了每一步的次序和重要性。我将这些死板的手册指南转变为自己的话。我将这些步骤重复了几次并将它们牢记在我的长期记忆中。我发现，如果将这些话大声说出来，它的效果会更好。使用了详细描述的方法之后，我很快能记住这些步骤，甚至在三周的度假之后，还能记忆犹新。

小叶：我一生只去过夏威夷群岛旅行。我去了其中的3个岛，它们都非常美丽，然而也有所不同。我想将这些岛清楚地告诉我的朋友们。我在报纸上读到，如果你详细地阐述了你想要记住的事物的细节，那么你能将这些信息更好地编译。我想了想小岛之间不同的自然特征、我在每个岛上做的事情以及我住宿的地方。我将这些细节与岛的名字联系在一起进行了联想。我将这些细节重复了好几天，现在我发现记住它们很容易。

李明：我有严重的关节炎，出去的次数很少。我非常厌烦这种日复一日的生活，并且我的记忆力似乎变得越来越差。女儿在我生日时送给我一个鸟食容器，渐渐地我开始观察来啄食的鸟。一天，我看到一只我不认识的鸟。我问女儿是否认识这是只什么鸟，她也不知道。后来她带回来一本有几百种鸟类彩色图片和详细介绍的书。当我们查询飞来的鸟时，我非常惊讶，在我生活的周围竟然有这么多种鸟。这个鸟食容器改变了我的生活！我看到并听到了许多新事物，而且我非常吃惊于我真的能记住它们。

文文：有一次，我去一个大型购物中心，我将车停在了车库。在地上有一些向上和向下的坡道，而在我停车的地方没有任何文字或数字。我意识到，我把车停在了难记的地方。我仔细观察了我走的这条通向出口楼梯的通道，并且当我到达那儿时，我回头看了看以加深汽车所在位置的印象。当我回来时，我很清楚地记得我的汽车所在位置以及到那儿的路。

安平：学习了积极观察这个方法之后，我决定试试这个方法。我去了我们当地的博物馆并花时间看一幅由莫内塔画的两个女人的油画。

我没有像通常那样很快地扫视这幅画。我看了看细节，又看了看整体，并问了自己一些问题：它漂亮吗？它是什么年代的作品？这两个女人看起来是高兴还是悲伤？她们穿着什么样的衣服？我想把它挂在我的起居室里行吗？当我离开这家博物馆时，我知道我会记得这次博物馆之旅，因为我所记忆的东西不是通常一些模糊的画面。

外部暗示法

好的和坏的记忆辅助工具

我的冰箱上贴满了便条！它们真的很必要吗？

想象一下你准备购买的物品，试着在脑子里列一个你需要的所有物品的清单。这个记忆练习是我们每天都要做的事情。下一步你要做什么？写一张购物清单吗？

面对日常生活中许许多多不同的任务，我们倾向于向一些辅助工具（一张纸、笔记、便条、告示牌……）求助。它们真的对记忆力有所帮助吗？还是会以毁坏我们的记忆力而告终？我们应该尝试离开它们去做事情吗？

好的辅助工具能够使我们完成那些离开它们便不可能完成的事情。假设我们能够回忆起日记或者地址簿里的所有东西，但这是合理、现实的事情吗？其实你是对你的记忆能力估计过高。日记和地址簿使我们能够在不加重记忆负担的情况下一天一天地生活下去，因此是非常好的工具。

当辅助工具使我们不能充分利用我们的记忆力时，它就变得有害了。因此，当我们不自觉地打开电话本查找一个熟悉的电话号码时，就失去了对记忆而言极为重要的思想训练，并且会变懒惰，而这种懒惰在不久以后会对我们个人的独立性产生消极影响。

书面提示：将事情写下来

你不必将所有东西都记在你的脑子里。

尽管有许多时候你必须依靠你的头脑来记忆，但大多数人在整个日常生活中用外部暗示来提示自己。例如，你也许会使用闹钟叫你起床、遵守约会的日程，使用厨房定时器来煮饭，或使用一个有标记的药盒。你必须承认，在许多情况下，无须相信你的记忆力。如果你能使用你所在环境中的一些东西来提醒你，你的脑子就可以用于记忆其他事情了。

尽管很多人都使用日程表、约会簿和笔记用以记住他们想要记住的东西，但是仍旧有许多人怀疑做书面提示是否真的对记忆力差的人是一个帮助。事实上，将事情写下来是最有用的记忆方法之一。

如果你想更好地记住这类事情，可以将所有的信息记在一个笔记本里。

下面将为你提供一些创造性的使用书面提示的思路。

（1）列一份你需要做的事情的清单。你一想到某件事情，就将它添加到这个清单中。

（2）使用日程表来提示你自己想在以后给谁打电话，例如，打电话给一位刚做过手术的老师。同时要养成一种经常翻看日程表的习惯。

（3）记下一些在下次看病时你想问医生的健康问题。在离开医生办公室之前，记下医生的嘱咐。

（4）写日记记录每天发生的事情。如果想知道自己是否已经完成了作业或听了一堂重要的讲课，你都可以查看这本日记。

（5）列一份你想读的书或你已经读过的书的名字目录。

（6）记录你寄出或收到的信件和贺年片。

（7）记录你所服的每种药物的名字和剂量。包括你开始服用的日期。

（8）将你想记住的所有人的名字列一个清单，例如，邻居们、社团的成员们和你同学的家长们。

（9）记录你想记住的周年纪念日或节日。

改变环境

提醒你记住某件事情的最好、最简单的方法之一就是改变你所在环境中的某一事物，这样你就能注意到这一改变。然后，它就作为一个暗示来唤起你的记忆。只要一想到这件事，你就做出改变。

当你小的时候，你可能使用过一些小技巧，如在手帕角上打个结，帮助你记忆杂事。这种方法通常能使你轻松地记住很容易被你忘却的事情。手帕上的结提醒你周末的模拟考试，结虽小却很重要。还有人使用别的方法，如在手指上绑胶带。

物质提醒可以从自身的记忆延伸到周边的事物。不要将物品摆放在平常摆放的地方。对于我们大多数人来说，这个方法简单实用（比如将一本书放在茶几上，而不是放在书架上，可以提醒你上学时要带着它），如果你滥用这种方法，改变太多摆放的东西，就会混淆。

有的家庭喜欢采用特别的方式来交流、转告信息，有一些方法让人很难理解。例如，一个家庭成员将一个石头摆放在门前，以此来告诉其他成员家里备用的钥匙就藏在下面。这能算得上是妙计吗？恐怕只会引来不速之客。

乐乐是这样做的：桌上打开着的书用来提醒她要去图书馆。自行车钥匙放在电脑上方提醒她要修车。妈妈的照片倒着摆放并不是因为她粗心大意，而是第二天是妈妈的生日，这样摆放可提醒她买礼物。

不要只用一种技巧去记事物，试着结合所有的技巧。视觉、听觉和实践都应该结合起来，这样才能够达到最好的记忆效果。

这里有一些可以唤起你记忆的例子。

（1）将要拿去干洗的衣服放在门前。

（2）将一个纸条放在厨房里的桌子上，这样当你吃早餐时你就会看到它并记得给你的朋友寄张卡片。

（3）将一个纸条放在书包上用于提醒你在书店停下来。

（4）在你手提包的提手上系一条细绳，这样在没有提醒邮寄包里的信件的情况下你不会打开它。

（5）当你下楼时，在楼梯的前面放一个空盒子用来提醒自己在你下去之前把电热器关了。

（6）把手表或手链换到另一只手上，你就经常能感觉到它。当你开车去你的朋友家时，它将提醒你去告诉他有关周末计划改变的情况。如果你再大声告诉自己："告诉朋友计划有所改变！"效果将会更好。

在使用任何这些外部提示时，不拖延是至关重要的。只要你一想到你需要做的事情，便选择这些方法中的一种并立刻应用。如果你想着"当这个电视节目结束时，我在我的购物单上添上土豆"，那么你10分钟后或许将有关土豆的事情全部忘光了。

路线记忆

基本方法

　　首先选择一个比较熟悉的地点，如你的家、学校，或者学校附近的一个公园，用这个地点构思一小段旅行的路线，一路上会有许多停靠的地方（这里称作站点）。然后用这些站点帮助你记住东西，站点的顺序要按照记忆内容的顺序。

　　很快，你就会有一条最喜欢的路线，几乎可以用来记住日常生活中任何信息。换句话说，每次运用这个技巧的时候不用准备一条新的路线，只要清空已有路线上的记忆内容，然后一次又一次地用它来储存要记住的新信息。

　　假如是为了长期记忆或者在短期内记住大量信息，所要的路线就不止一条。假如选择的地点与记忆的内容有关的话会更有帮助，如选择去科技馆的路线来记住物理方面的信息。

举例分析

　　家应该是你最熟悉的地方，所以我们用一个房子的典型布局来说明怎么记住一天要做的 10 件事情。选择一条穿过房子的 10 个站点的路线，用下一页的 10 个地点作为记忆路线的站点。

　　各个站点的顺序要符合逻辑，如你不可能从前门不经过厨房就直接来到阁楼上。让这条路线充当引路的绳子，带领你不费力地按照原本的顺序经过这些站点。

1. 前门	6. 楼梯
2. 过道	7. 主卧室
3. 厨房	8. 浴室
4. 起居室	9. 次卧室
5. 洗衣间	10. 阁楼

1. 打电话给兽医	6. 买参考书
2. 修理太阳镜	7. 收晒干的衣服
3. 烤蛋糕	8. 去图书馆借书
4. 拜访化学老师	9. 付水费
5. 买生日礼物	10. 换灯泡

当准备记忆路线时，闭上眼睛想象自己在每个房间，努力想象所有自己熟悉的家具、装饰品和私人用品。想象的时候，用手指数每个经过的地方，直到抵达最后一个站点。

到路线中途的时候在心里做一个记号，如在上面的例子中，就在洗衣间（第5个站点）做一个记号。

一旦在心里准备好记忆路线并且可以在站点之间来回自如，那么就可以开始沿着路线安排要记的内容了。

我们用下图的10件事情的清单作为例子。不要有意记住表格中的东西。因为这不是一个记忆测试，而是示范一下如何把想象、联系和位置结合起来帮助记忆。

首先在脑中形成每件事情的画面，然后把它们安排在记忆路线的每个站点上。可以使用其他手段配合想象，如色彩和动作等。除了使用5种感官去感觉——视觉、听觉、嗅觉、味觉和触觉，左脑有时候可以产生奇异的画面。设计好这些画面后，在脑中牢牢记住，然后进入下一阶段。

站点1 前门　想象自己在前门的位置，因为要记住的第1件事是打电话给兽医，想象打开前门的时候发现电话在门口大声地响个不停，你的猫可能正坐在电话旁边。

站点2 过道　在记住第二件事情（修理太阳镜）之前，把自己放在过道的位置。也许过道的光线太亮，所以你找来太阳镜保护眼睛，也有可能过道的墙纸上装饰着许多太阳镜的图案。

站点 3 厨房　在厨房里你看见一排一排的蛋糕整齐地摆放在案头上，一股新鲜出炉的蛋糕香味弥漫在厨房中。其他的一些蛋糕还在炉子上烤，在烤焦之前要马上把它们拿出来。

站点 4 起居室　在这里可以构思这样的画面：走进起居室，发现化学老师穿着条纹西装坐在扶手椅上，整理着试题准备与你会面，一些纸张散落在起居室的地板上。

站点 5 洗衣间　打开洗衣间的门，发现一个很大的礼物放在一叠刚洗好的衣服上面。想象一下包装纸的样子：颜色鲜艳的图案闪闪发亮，上面还有一个蝴蝶结。记住第 5 站要在心里做一个记号，如想象洗衣间的门上写着粗大的 "5" 字。

以同样的方法完成剩下的 5 个站点，运用联想把最后 5 件事情与对应的站点联结起来。记住为每个站点设计一个场景，然后在脑中构思一些生动的细节，从而让这些场景更容易记住。

图像记忆法

静静地回忆，你很有可能会产生这样一种感觉：一组组的图片在你头脑中展开，就像是幻灯片一样掠过脑海。当你想保留其中的一项时，首先依赖于感觉器官对它进行登记。如果你稍加注意，不只会保留视觉性的映象，甚至还会有听觉性和触觉性的特征。如果你读一篇自己不感兴趣的文章，不集中注意力，没想过要记住内容，也不期望以后会用到这篇文章，那么将不会产生任何的心理表象。这篇文章的信息不会被提交给记忆。相反，如果以上 3 点都具备——兴趣、注意力，以及有把信息传达给别人的期望，就会形成一系列的精神表象，并且在记忆过程中被调动起来。

有没有人会想到自己 10 年前、15 年前或 20 年前的一些特别经历呢（当然如果你还小，可以想想去年或前年的特别经历）？也许这些经历是令你印象特别深刻的，可能是恐怖的或是刻骨铭心的。例如，车祸，受伤的人倒在地、地上都是他的物品、车子的颜色，等等。这些鲜明的记忆可能会让你记住十几年，甚至一辈子。

为什么十几年后很多自认为记忆力差的人还能栩栩如生地描述上述车祸的场面呢？这就是因为回忆了记忆中图像的缘故。

当我们看到相关的影像时，这个图像自然就会浮现在脑海里，并被记录在右脑里。不要忘记，除了视觉的存盘，还有其他的感官记录可以加入想象的空间。例如，我们也许记得车祸时撞车的声音，因此出听觉引出图像的存盘；也许由车祸引起火灾，可以闻到烟火的味道，在车祸现场还可能触摸到倒在地上的车辆或受伤者，这就有了由嗅觉、触觉所引出的图像。

总之，如果我们用各方面的感官来感受一个情景，有特别深刻的影像被记录下来，不仅会加强回忆功能，而且会提升记忆功能。

常听人说，图像胜过千言万语。将事物清楚地呈现在脑海是一个有意识地将一件事，一个数字，一个名字，一个字或一个想法在你脑中形成一种形象的过程。如果你花些时间将话语转变成一幅富有含义的图像，然后把这幅图记在心里几分钟，你就更可能记住你想记住的东西了。

一些朋友天生就具有良好的视觉能力。他们的想象生动且丰富多彩。如果你有很好的视觉记忆能力，你可以多种方式充分地利用它。其中一种方法就是建立记忆频道。

你可以尽情地使用这样的技巧。例如，一些朋友会将日期刻在石头上来帮助记忆。视觉记忆还可以帮助记忆外貌和地点。如果视觉记忆对你有用，那么你只需自然地运用它即可。如果你去游览一个小镇，你要记住经过的路线，这样你就可以准确地回到停车的地方。

我们以前所说的拍照式的记忆就是现在说的图像记忆法。一些人能在一分钟内复述出看过的物体、设计和文件，就好像他们在脑中给这些事物拍了照一样。

当然，有一些人的确有超出常人的记忆方式。有一位老裁缝，她能用极短的时间观察别人的着装，然后完全模仿出来。她有了蓬勃的事业，为顾客参谋穿着，这些穿着都是她从婚礼和明星的照片上看到的。有时她只需看一眼服装杂志上的一些衣着，或是现场看到别人的衣服，她就能制作它们。

你可以学习这样的本领吗？你生来就有这样的能力吗？我们来试试。仔细观察下面的几张图片。然后合上书，回想图片并把它们画出来。

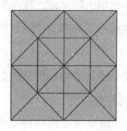 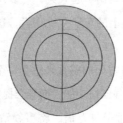 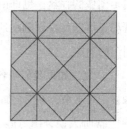

这个方法能用于记住这些：

· 你要在超市里买的东西

· 从机场到你停车地方的路线

· 去往朋友家的换乘车方法

· 某些国家的版图

· 你最近听到的一个笑话

虚构故事法

虚构故事法是编一则看似没有联系的事物联系在一起的简单有趣的故事。许多人不喜欢这种方法，因为它比较复杂。如果你试试这种方法，你就会发现，其实它的效果惊人。

故事越离奇就越容易帮助你记忆。例如，要将下面的几个词牢牢记住，你可能会编出这样的故事。

曲棍球棒　网球　球拍　茶　高尔夫俱乐部　电梯　活力

"我踩着高跷走路（高跷就像是曲棍球棒），走着走着，突然被一堆网球绊倒。我没能到达目的地，因为我撞到了球网上，它是由许多个小球拍组成的。我想喝杯茶，于是就跑到高尔夫俱乐部等着。没有人帮助我搭电梯，我只好跑回家，我觉得自己非常有活力。"

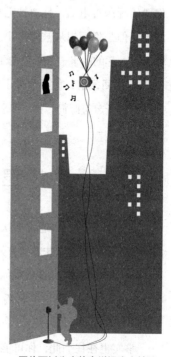

★ 图片可以为小故事增添许多情境。联系图片读故事时，就能记住更多的细节。

很离奇吧？但是很好记。你也可以尝试一下。

但是，这个方法的缺点就是你只能将这些事物按特定的顺序记忆。如果有人问你"网球拍是出现在高尔夫俱乐部之前还是之后"，你可能得重新搜索一遍故事才能回答。

你很难记住抽象的事物，因为它们很枯燥，但是古怪的东西就不同了——你要尽情使用奇怪的联想。

这种方法可以用于记忆以下这些事情：你回到家时需要打两个电话；给你的女儿打电话时你想告诉她三件事情；你需要在超市买三件物品；你想从图书馆借两本书。

打个比方，你在晚上醒来，开始想你第二天要做的事情。你想记住，你要给牙医打电话，你要把毛毯退给百货商店，并且要给火炉买一个过滤器，但是你不想从被窝里出来去写单子。你编了一则可以将这些事情联系在一起的故事——想象由于你的牙医的火炉坏了，他就用毛毯取暖。

在你回家前，你必须去干洗店和邮局一趟。你可以编一则故事——把你的裤子放进邮筒，接下来就乱成一团了。

逻辑推理法

逻辑推理的能力通常被认为是聪明和智力的象征，但具有逻辑推理能力的人是不是也意味着拥有好的记忆力呢？

这个小节的练习将激发你去思考、推理，找出规律和联系，并最终找出解决问题的方案。它们看起来仿佛在开发抽象思维能力方面具有更大的指导意义。

事实也往往如此，你可能在抽象的推理和数理逻辑方面有着非凡的天分，同时对这些方面的信息表现出惊人的记忆力，但是记忆其他方面的信息却让你手足无措。

情况也可能恰恰相反，你对需要记忆的活动得心应手，但纯粹的逻辑推理的活动或游戏却会让你焦头烂额。总之一句话，情况因人而异。

不过，你越经常动脑筋，理解能力就会越好。而对于信息的详尽而透彻地理解毫无疑问会提高记忆力。同时你的专注能力也得到保持或提高。

思考和专注共同作用，能使大脑活动维持一种高水平。最重要的是，逻辑推理能力能够训练大脑赋予信息结构的能力，即根据某些规则建立顺序并且赋予意义的能力。秩序对于记忆来说是必需的。举例来说，如果没有秩序，人们将很难记忆下面的一组线条。

除非你用上面的线条组成下面的图形：

同样的规则也适用于单词、图像和目录清单。你只需要找出某种规则或者逻辑，构架信息，使其变得有意义，信息就能更容易地留存在你的记忆里。

如果知识已经依照一个完善的逻辑体系被存储在你的大脑中了，那么当任何新问题出现时，已有的信息结构就会被调动起来，找出合适的解决方法。

如果你坚持锻炼逻辑推理能力，你的大脑将会训练有素，这样它就不仅能在智力操作中很好地为你服务，还会让你在日常生活中受益匪浅。不管怎么样，记忆力都会得到提高。

第七章
CHAPTER 7

看完就用的高效记忆术，记得快记得牢就这么简单

重复和机械学习

熟记

熟记不是一件容易的事情。这种学习方法是学校教育甚至是高等教育不可或缺的组成部分。如果你处在这两个学习阶段中的任何一个，这种纯粹机械记忆的方法都是简单而有效的。如果要重新唤醒这种记忆方法，你所要做的第一步就是找一个安静的地方坐下，确保不被他人打扰，依照循序渐进的原则，数次重复你的目标信息。

当我们要应对马上来临的情况时，我们会采取机械记忆的方法。这是为几天以后的考试做准备的非常有效的方法。两周以后，你可能仍然记得整首诗的内容，但是更大的可能是你只记得其中的某些句子。在这方面，每个人的能力以及表现不相同。

无论情况怎样，机械学习都不是保持长期记忆的最好方法。我们不是总能够将兴趣长久地保持在学习过的东西上面，而且，最后期限一过，我们也不会再费力地重复所学的东西了。

重复巩固

　　把经过编码的信息转化为长期记忆，这要求你为这项信息建立起十分坚固的表象，也就是使其得到巩固和强化。巩固信息的方法有很多：通过联想，把新信息和已存在的信息联系在一起；分类法；逻辑组织法。无论你用哪种方法，强烈的感情都是必不可少的，它能够大大地提升巩固效果。

　　对于简单的材料来说，重复始终是最可靠、最有效的。每一次的重复对于强化信息都能起到很好的作用：已经存在的信息再次被确认并存储，会使其在大脑中保持更长的时间。此外，重复是兴趣和重视程度的体现。

　　另外，如果你利用每天晚上上床睡觉之前的时间来记忆一些东西，就更能促进你长期记忆。但是为了防止它们被其他吸引你注意力的事情或者事物所代替，你必须在第二天早上一醒来，就立刻回忆前一天晚上记忆过的内容。

联系法

记忆和联想

　　记忆的过程通常包含三个步骤：信息编码、信息存储、信息提取。对于目标信息来说，首先它会被转化成"大脑语言"，然后被大脑拿来跟记忆中已有的各项信息进行比较，以便确定这则信息是否已经被储存过或者是否真的携带一些新的东西，就像是电脑自动更新文档一样。如果确实含有新的东西，大脑将会为它寻找合适的已有信息，并且在二者之间建立联系。这就是信息编码的过程。每个独立个体各异的历史背景都为信息编码提供了丰富的土壤。每次你遇见新的事物，不管是具体的实物还是一种抽象的想法，你都会自动地将它与你已经知道的信息联系起来——联想是一个自发的大脑活动过程。

我们经常面临一些自己认为不知道答案的问题。利用所有你可以自行支配的信息，建立起一个联系网，借助这个联系网，你很有可能找出问题的答案。这种能力往往在那些能够娴熟地运用自己的知识的人身上表现得最为明显，这种人总是知道如何将新事物跟已有信息联系起来。他们的这种建立联系的能力已经得到了完善。

形成联系

深思熟虑形成的联系和自发形成的联系

联想是一个心理活动过程，它能够帮助你在具有某种共性或者共同点的人、物体、图像、观点之间建立联系。简单地说，如果看见 A，你就想到 B，那么你已在 A 与 B 之间建立起了联系。当看见"A+B"时，你想到了 C，那就证明 A、B 与 C 之间存在共同之处。有些联系是被人们普遍承认的，如下面所划分的这几类。

音节联系

发音相似的词会很自然地被联系在一起。例如"期求"和"乞求"。

语义联系

语义联系建立的基础是词本身的意义和你对这个词属于哪个范畴有所了解。例如"西红柿"和"水果"。

比喻联系

A 和 B 之间之所以存在联系，是因为 B 的意思和 A 通过某种代换物转化以后的意思相近。例如"苹果"和"羞愧"（羞愧难当，脸红得像苹果一样）。

逻辑联系

背景相同的两个事物被联系在一起。例如"番茄酱"和"调味汁"。

类型或种类联系

两种事物在某一方面（颜色、形状、大小、重量、味道等）具有共同点。举例来说，"西红柿"和"红辣椒"（颜色相同，都是红色）、"西红柿"和"葡萄"（果实垂下藤蔓的形状相同）。

思想联系

两种事物之间以一种更加抽象的联系作为基础。例如"西红柿"和"太阳"。

与此同时，你也会以自身经历以及个人世界为基础建立联系，因此除了上述的六种联系以外，还需要加上下面的两种。

主观联系

主观联系只有当事人明白是怎么回事，因为它暗指了当事人关于某件事情的回忆。举例来说，"大海"和"心绞痛"——因为上次你到海边去，心绞痛发作了，很痛苦……

无意联系

无意联系的建立超越了当事人的意识范围，一般难以给出解释。

借助想象，建立联系

联想这种记忆策略，帮助你在事物之间建立联系，能够大大提高你记住这些事物的概率。经常练习能够促进信息之间建立联系，而且这种联系越具有独创性，它们越能稳固地保留在你的记忆里。因此，你必须完全地发挥你的想象力，任由图像、文字以及感觉自由地流淌进你的脑海，不要对它们有任何限制。

对于记忆过程来说，最重要的一点就是找出适合自己的联系方式，也就是说，两个事物之间所建立的联系，对个人来说必须是有意义的，或者能够激发你的某种感情。

感官记忆法

听觉暗示：使用声音唤起你的记忆

闹钟和定时器可以提醒你某一件事虽还没做，但在某一时间必须做。电话应答机也可以用于提供听觉暗示。

下面是一些使用听觉提示的例子。

如果你打电话没有打通，设置你的定时器来提醒你再打一次电话。

如果你正忙于写信并要确保在某一具体时间赶赴一个约会，设置一下便携式定时器，并把它放在你的桌子上。

如果你离家很远，而你想记住当你回去时要做的事情，可以在你的手机备忘录上留一条信息。

温柔地触摸

弹奏一个乐器，你的手指会触碰到准确位置。当然，你也可以将动作加入记忆中，例如，一些朋友喜欢记忆的时候打拍子。没有必要让你的朋友知道你的这种记忆方式（他们会误解你的行为），但它确实有效。

还记得第一次向朋友展示你的新奇物品（比如相机）时的情景吗？他肯定会说："让我瞧瞧吧！"然后从你手中接过它，仔细地观察起来。在看的同时，他也在不时地用心去感觉它。事实上我们习惯于用触觉去感受任何东西（特别是人），从而更贴近他们，对他们建立起真实的感觉。触碰是一种非常微妙的感觉，这种感觉很重要。

触碰不仅使我们感觉到正在发生的事，也能帮助我们形成一种特殊的记忆。一位盲人朋友说，他只要用手指触摸就可以凭感觉将许多纸牌分辨出来：一些纸牌有凹凸不平的地方，有褶皱的地方，也有一些折角，这些对于视力正常的人来说并不起眼，而盲人却可以用高度敏锐的触觉准确无误地将它们分辨出来。

虽然人的触觉是天生的，但它和其他的感觉系统一样也可以通过训练得到提高。你应该花大量的时间用心去触摸物体，然后深切地感觉它们。许多工作对触觉记忆要求甚高。比如，拆弹专家，他们的工作就依靠高灵敏度的触觉记忆。他们不可能将每个炸弹都拆开仔细研究，更多时候他们需要凭触觉去感受，而一次错误的触觉判定就可能会结束他们的一生。

我记得那个味道

相比其他动物，我们的嗅觉功能要弱得多。不管怎样，我们还是会因为某种特殊的气味回想起去过的讨厌（或喜欢）的地方。氯气的味道就能使我们想起小时候的游泳课，草莓的味道则让我们联想到夏天……

大多数人会对某些味道有特殊的联想。

它也许能帮助你记忆某个地方，想起曾经让你开心、伤心、愤怒、爱惜的事情，但它绝对不能帮助你回想起如美国历届总统名字这类的事情。

嗅觉记忆真的有实际意义吗？这因人而异，但是有一点是肯定的，你可以将特殊的气味与一些记忆方式结合在一起，这样便于增强你的记忆。

数字记忆法

增加对数字的记忆，这真的可能吗

这个问题的答案是肯定的。卡内基梅隆大学所做的一项研究显示，人的确能够通过练习增加对数字的记忆。在实验开始时，一个普通的学生仅能回忆起 6 个阿拉伯数字。经过几周的练习之后，他在一定程度上有所进步。18 个月之后，他可以给研究人员复述 84 个阿拉伯数字。猜猜他是怎样完成这项任务的。将这些数字与他已存的知识基础联系在一起，你就会得出答案。在这个案例中，他像一个赛跑者与时间赛跑。学生记忆的提高不仅仅是练习的结果，研究人员说："成功在于他能通过联想将这些数字变成有意义的图案来提醒他。"

每个人的一生都要与数字打交道。想想对你特别有意义的数字，一旦你认定它们，就会把它们通过联想来记忆。很快你就会发现你自己每天都使用这些简单的技巧。

重要数字

生日（你的生日、配偶的生日、好友的生日、孩子的生日、亲属的生日）

周年纪念日（父母结婚纪念日等）

重要的年份（高中毕业时年份、结婚年份、历史中的一些重要年份，等等）

驾驶执照的号码

身份证号码

借助空间分布记忆密码

可以借助心理图像，通过数字的空间分布来记忆一列数。例如，办公室复印机的密码是 6541，你可以将这列数字想象成一个背朝下躺着的"L"，密码 9731 则是一个从右下方起笔的"Z"。

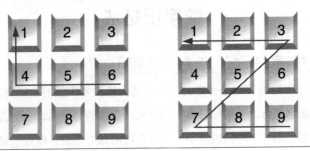

银行账号

银行卡的密码

车牌号

你的幸运数字

公路或国道

体育数据（运动员的比赛得分、参加年份，等等）

与爱好或你的收藏相关的数字（蝴蝶、古董、硬币，等等）

街道地址、邮编、电话号码

练习使用以前牢记的单个数字，或是各种不同的数字，以便迅速地与新的数字相联系。你越是依赖这套系统，它就变得越可靠。你所做的只是用某个有意思的东西取代抽象的东西。如果是一长串数字，那就把它分割成四个部分或更少的部分。11 位的数字，例如，10159711100，当分割和编码后就变成了："101 公路与 5 号洲际公路之间有 9 千米的路程，在通过 7 ～ 11 千米及 100 个停车标志牌后，两条公路就会相接。"11 位数的电话号码也可根据此方法分割成三个部分：区号、前缀及最后 4 个数字。银行和政府机构一直都信赖这套记忆技巧。

将数字转换成实物

对你喜欢的事情，转换为记忆数字，你会更好地记住具体的实物和形象，它们对你来说会更有意思。这很简单，也很好用。这意味着你可能是一个杰出的视觉习得者。也就是说，你的记忆力能更好地用视觉形象编码。如果你更倾向于用视觉来记忆信息，你自然会像前面所举的例子那样构建一个故事情节。如果你更倾向于用听觉来记忆信息，那么，你就会形成听觉联想，如枪声、同音词、韵律。

关联词汇系统需要你刚开始时花一些时间记忆代表每个数字的词。一旦你背熟后，关联词汇法便能用来完成大量的记忆工作。所以，关联词汇法是最适合使用的且对你也很有帮助。

复述法

不断重复信息能够在你的大脑中留下短暂的记忆，但很快就会被遗忘。不过要是记电话号码，这不失为一个好方法。

读这些数字：0795634，重复几次。如果你多重复几次，你会发现你已经能够记住它，但是没过多久就忘了。如果不用别的方式重新记忆，不知道明天的这个时候你是否还记得这串数字。不过没关系，有一些东西我们确实不用长时间地去记住。如果你看到一个号码，只要在拨打前的一段时间内记住它，那么你可以用重复叙述的方法记忆。如果你碰到了心仪的人，当他给你电话号码时，用这个方法记忆就不太保险了。

复述法并不是唯一的记忆技巧，如果将它和别的技巧相结合，那么它能发挥得很好；如果单独使用，它只能暂时奏效。

组合法

组合法即将一个新数字与一个毫无困难就能出现在脑海中的数字联系起来。例如，对许多人来说，各地区的区号是再熟悉不过的，因此可以把它们作为参照去记忆其他的数字。

另一种是联系个人的经历或熟悉的文化知识记忆数字，如自己的出生日期、年龄、主要人生大事发生的时间等。

搜索记忆法

在记忆库中搜索

当你不能回想起长期记忆中的东西时，即使再多想会儿或再努力想会儿也许也不起作用。然而，有一种方法通常很有用。当你想从长期记忆中获取具体信息时，试着想想或许可以作为提示的相关事实，用以引发出你想要的信息。

搜索记忆法可以用于回想：著名人物的名字，某个新朋友的特征，电视节目的名称，如何去你长时间没有去过的某个地方。

实例

何欣在去往音像店的路上，她想去租一个她许多年前看过的电影光盘。她想她应该能够认出这部电影的名字。当她到那儿时，她发现在那有几百部电影光盘，它们都按照字母顺序摆放。她不愿花时间从这个区的 A 找到 Z，她想："我应该能够想起这个名字。"她开始思考能够引出这部电影名字的提示。她回想谁是主演，并记得是梅丽·史翠普。"它好像发生在非洲……没错！它叫作《走出非洲》。"

身在国外的张太太，她的女儿生活在城镇里的一个新区，她记不住那个区的名字。她想打电话，但又不想打扰正在上班的女儿。她想："如果我想到一些有关的信息，或许会有用。"她记得女儿的地址是：阿波马托克斯 272 号。她想到进入小区的入口处有一架大炮。"它一定和内战有关系。"她想起来了——盖茨堡战役！

提前回顾

每个人都有过忘记了十分熟悉的东西的感觉。例如，一个朋友的名字或一位知名作者的名字。当你知道你将被要求回想某些名字或者信息时，提前回顾通常可以解决这个问题。

这种方法可以帮助你记忆：你明天要见的是一位很久以前合作过的客户的名字；当你去医院看病时，你的病历；明天将要回答中学学过的历史知识；小学同学的名字；以前公司同事的喜好；自己儿时的趣事。

实例

在同学聚会之前，如果你担心自己会记不住小学同学的名字，可以通过复习所有人的名单来提前准备。写下这些名字并将它们大声说出来会比简单地通读整个名单更有效。当你说出这个名字时，想象这个人以及有关他的特殊之处，如稀少的头发或爽朗的大笑。

如果你将去参加一个图书俱乐部的聚会，在你去之前，可以记录下书名、作者、书中人物的名字以及你对该书的感受，并回顾你的笔记。

如果你要和一位客户吃午餐，提前回顾一下客户的几个孩子的名字以及你知道的有关他们的事情，这样你就可以很容易地谈论他们了。

追溯个人经历

发生在什么时候，有什么标志

认知心理学的研究表明，对于许多人来说，最好的时间线索是与自己生活中的事件联系在一起的，"第一个孩子的出生日期""在爱尔兰旅行之前"，某些时间毫不费力地重现在脑海中，原因很简单：那是在填写行政文件时需要记住的日期，那是个值得庆祝的日子……

发生在什么时候

我们能清晰地回忆起一次生日聚会，因为它很成功或者很失败，而我们却不能确定那是在 1995 年还是在 1996 年，在一个星期六还是星期天的晚上。

为了回答这些问题，我们可以参照一些大家都清楚知道时间的公众事件。对法国人来说，1998 年世界杯蓝色军团的胜利是一次难忘的事件。因此，为了想起退休那年的情景，那就回想一下 1998 年看所有球赛的休闲时光吧。每个人都能迅速想起纽约世贸大厦遭袭击或某些重大灾难发生的确切时间，这些标志都能够帮助我们确定个人的生活经历。

"那时樱桃树开花了……"

在谈论自己经历的重要事件时，可以借助一些细节。例如，通过天气状况推断事件发生的季节——下雪，那就是在冬天；或者植物的状况——樱桃树开花了，那就是在春天。汇集与事件相关的所有线索，然后再从中寻找答案。

当时的确是这样的吗

然而，记忆有时也会捉弄我们，而这与任何疾病都毫无关系。某件事或某个人精确的记忆可能不会引起我们的任何怀疑，如果与其他见证人一起回忆，就可能出现记忆空洞或矛盾。我们能精准阐述的事件通常具有丰富的细节，而对于那些我们回忆起来有困难的情景，可以向家人或与你共同经历过的人求助。

增加找回记忆的机会

事实上，我们会忘记某些不重要或者不愉快的事情，而保留其他的，有时候还丰富它们。如果我们与参与同一事件的人一起回忆，如一次家庭或朋友聚会，他人的陈述可能引起我们已经遗忘的某段生活场景的重现。与有共同经历的人定期交流有助于对个人经历的回忆，相反，与社会隔离将不利于保持记忆。

除了其他人的见证，还可以依赖一些资料（如书信、影集、录像带、行政文件等）来找回我们的记忆，特别是当这些资料带有时间或地点标注时。考虑到这点，拥有私人日记本就对记忆较琐碎的事很有帮助。另外，只要用一个年历或者电子管理器就能轻松地帮助你记住自己在何时何地做何事。作为计划的一部分，你会记录下在自己一生中发生的事情。

我的记忆，我的历史

"当你不知道要往哪里去时，返回去看看你是从哪里来的"，这则谚语体现了记忆在我们的身份认证上起的关键性作用。正是因为记忆的存在，我们才知道自己是谁，才能确认今天的自己和昨天的那个自己是一样的。

那些有关我们做出重要决定的时期，有关个人感情或工作的事情我们都历历在目。有些记忆是痛苦的，很难让我们接受，一段感情的结束、失业等都会让我们记忆深刻。快乐也能影响我们，家庭成员或朋友间的交流都有助于我们回想起曾经的职业等。每个人的生活都是不平凡的。谚语说："死去一个老人，等于烧毁了一座图书馆。"

如果你想要记住自己所做的细节，你可以一直保存这个计划。

位置法

位置法的由来

位置法是一种跟表象的形成过程紧密相关的记忆策略和方法。

一次，大厅坍塌，参加宴会的众宾客被埋葬在瓦砾中。西摩尼得斯是唯一的幸存者，为了分辨死者的尸体，回忆每一位客人生前所坐的位置就成了他的责任。之后，他思索自己是如何保持了关于每个人的生动的画面，并从中得到启发，创立了位置法。

罗马的演说家西塞罗，也利用城镇广场的不同区域来安排自己演说的不同部分。演说进行时，他环视整个广场，当经过路线中各个不同的区域时，便根据事先安排，分配演讲中不同的话题。

如何运用

选定路线

（1）选定某个地方——找出房间里的固定物体——根据房间里物体的分布，找出一条固定的路线。用数字标记它们，如位置一是门口桌子上的花瓶，位置二是放有陶瓷盘子的咖啡桌，等等。

（2）选定一个你穿过房间的方向，中途不要改变。

（3）在脑海中回顾一下你的既定路线，以便更加轻松地以正确的顺序记忆那些被标记的地方。

运用策略，在路线上标出目标对象

在头脑中，把你想要记住的对象（目标对象）定位在每一个站点上，并且努力在两个相邻的站点之间建立联系。

第一站，桌子上的花瓶。我们想象着在那儿放一瓶矿泉水，因为水

154

是它们共有的元素。第二站，起居室的沙发。奶酪是所联系的事物（设想全家坐在沙发上，开心地吃着奶酪）。在两个对象间，你所建立的联系越富于想象力，就越易于记忆，因此尽可能地使这种联系形象化。

如果你要记住一张购物单，先在大脑中对你的屋子进行扫描，随后，决定你需要买的东西。到达商店以后，再进行扫描，以确保你没有忘记任何一项。

可能这种方法看起来非常烦琐，但是事实上，大脑活动变得很必要，而且能够帮助你记住远远多于一般情况下所能记住的对象。

你可以在很多情况下运用这种大脑扫描的方法，记忆各种各样的对象（比如词语、书籍、购物单、旅行的进程、目标任务，等等）。

建议

当运用位置法记忆时，你可以把每组词分配在房间的不同地方，也可以每次限定在房间的某个很小的区域内。

习惯记忆法

对于一些朋友来说，最好的学习方法就是实践。相对于看一大堆的书来说，他们往往能从实践中学到更多的东西。这个记忆技巧是建立在动手的基础上的，我们称之为动觉。

岳先生小的时候，他所就读的学校就非常注重学生是否能准确地配带书本和其他教学辅助设备来上课。通常"对不起""我忘了"的借口是行不通的。那么，岳先生是怎样避免出现这些错误的呢？他培养自己养成一种整理书包的习惯，这种习惯虽然非常复杂但是的确很起作用。他不仅为每件要带的物品规定摆放的位置，而且还要按顺序将它们放进书包。这样做他就不可能忘记任何东西，一旦发现摆放的过程有差异，他就能察觉可能忽视了哪个物品。

当我们有重要的事时，为了确保它能按部就班，就该使它成为例行之事。

军队教人做事常与数字相关。这个方法很奏效。你怎样才能教会一个年轻人（也许不太聪明）去拆卸复杂的装置，如机关枪，或是出故障的零件，然后让他安装回原样，不丢失任何一个小零件？那就是牢记过程。一旦他学会了使用数字的方式，他就不会忘记其中一个过程，哪怕是在火灾现场或是非常紧张的状态下。

记忆有顺序的事物时（比如电话号码），你在记忆的同时需要时刻改变它们的顺序。如果你没有改变顺序，很有可能就会陷入顺序的圈套。你可能要重复所有的号码才能想起其中的一个号码。所以在记忆的时候要经常变换顺序，别让机械的顺序干扰你的记忆。

王丽有一种习惯，她每次逛超市几乎是同一路线、行程。她每个星期可能都会或多或少买一些东西，因此，购买的物品可能会有改动（比如不用每个星期都买笔记本）。一旦固定了购买的清单，就不用再去想它，可以注意一些别的以往不会买的东西（例如这个星期可能会买一些红酒代替啤酒）。

你也可以将这样的例行习惯运用到别的地方，不仅仅是在超市。例行的习惯能防止你忘记重要的事情。一些朋友可能会认为，购物按照例行的规定会很单调和机械。为了防止单调，王丽在最后也会关注一些自己感兴趣的物品（比如衣服、光碟等），在空闲的时间就可以逛逛这些商品。

习惯记忆法既轻松又能帮助你准确无误地记忆非常复杂的信息。想想你是怎样驾驶汽车的？你是不是会有意识地想：刹车，减速，换挡，查看后视镜和汽车边距？当然不会。其实一旦你上了车，所有的程序都变得很自然。不管路上的情况怎样，以往开车的经验习惯都会教你准确地处理。只有当遇到了意外的情况，你可能会不知所措，因为之前没有碰到过。

记忆地图

记忆地图是用图表简要地概括记忆的内容，是以视觉形式表现信息的方式，而且大脑也很容易掌握。它是一种非常有用的技巧，可以用来记忆读过的书、报纸、杂志的概要，或者广播、电视节目中的讲座。

记忆地图是同时利用左右脑，而且左右脑相互协作。负责分析的左脑评估和理解信息；而负责想象的右脑寻找可以表现信息的视觉形式。下面的表格归纳了左右脑不同的分工，可以帮助你理解记忆地图是如何起作用的。

记忆地图是表示不同主题间相互关联的一种方式，这些主题一眼便知，而且中心主题表现得非常清晰，无关的信息全部被排除掉，让我们一次就能看清问题的全貌和所有关键细节。

左脑	右脑
说话	创造性
分析	感知颜色
排序	空间意识
逻辑思维	概括能力
线性思维	幻想
理性思维	直觉
数字和文字识别	面部和物体识别

第八章
CHAPTER 8

不同对象的专项记忆，
想记什么记什么

记住名字和面孔

基本原则

你的注意力

记住名字和面孔最重要的一步是要有这样做的渴望：许诺要记住它们。试着在一个你将遇见很多陌生人的场合，看看你是否能尽早记住一些名字。如果你能的话，回顾一下这些名字，并马上开始联想。如果你要牢记人们的名字和面孔，你的注意力就应固定在你的目标物上。记不住的其中一个最基本的原因就是注意力不集中，不去强调它，不渴望记住某人的名字。当你遇上一个陌生人时，仔细观察对方，注意他最显著的特征是什么，然后详细描述。

你的想象力

想想他的名字有什么意义，或者他的名字听起来像什么。然后，将名字转成具体的东西。这里有一些简单的例子：

当名字与某个具体的物品意思相同时，例如，Frank Ball，则想象成在ball park（棒球场）吃franks。

当名字听起来像某个具体的物品时，例如，Dotty Weissberg（精神不定的韦森堡），将其想象成 dotted iceberg。

当名字中包含一个形容词时，例如，Bill Green，那么想象 Bill 两眼发绿，或者想象成 Green Bill（绿色的纸币）。

当名字能使你想起某一具体的事物时，例如，Bob McDonald，能让你想象到制作汉堡包的场景。

当名字与某地意思相同时，例如，Joe Montana，那就想象一只袋鼠居住在 Montana，或驾车去 Montana 兜风。

当名字中包含一个前缀或后缀时，例如，Karen Richardson，利用你先前选择记忆的符号，好比，太阳光照耀在一个 rich（富裕）而 caring（有同情心）的人身上。

当你留意到某个显著的特征时，把它与特定的形象相联系。例如，Kelly Beahl 穿高跟鞋挺好看的。这种技巧是非常有效的。

何时运用

一般来说，这种方法在日常生活中的某些情况下难以运用。因为构建心理图像需要一定的时间，并且有时候会被其他正在进行的活动所干扰，如在记忆的同时还需要与对方进行交谈。不过，当可利用的时间足够充裕时，这种方法是非常有效的。例如，我们第一次遇到的同事、顾客、协会会员、朋友的朋友……

如何记忆

利用发音进行记忆

在一次工作会议中，为了记住工作组其他成员的名字，我们可以将对每个人的第一印象与他们的名字联系在一起：马晓娜的脸蛋红得像个红苹果，王莎很漂亮，周瑞很健谈……

有时候，我们可以通过一个熟悉的发音来帮助记忆人名。刚介绍给你的一个人可能与你认识的某个人有相同或相似发音的名字，或者他的姓氏让你想起某个名人或某个城市。

重复的好处

如果你忘记了某个人的名字，可以要求他再说一遍。你还可以通过将他们的名字用到对话当中来牢记他们的名字，例如："告诉我，王洛，你对这种情况有什么看法？"或者问问他们的名字有何渊源。当你告别同伴时，再叫一次他的名字，例如："很高兴能认识你，雷晓西，希望日后还能见到你。"在你进行下一个对话之前，暂时停顿一下，在内心重温一下你想记起这个人的哪些事。

不断重复能够保证名字或面孔更好地"驻扎"在记忆中。因此，时常回想一下，最初回想得频繁些，随着时间的流逝再逐渐拉长回忆的间隔。这样，你会发现分散记忆和间隔回忆的效应。

线索和背景

当回想某个人的名字时，你可以尝试汇集所有你能够想到的线索，以这种方式使你快速开启回忆之门。

首字母线索

从回想字母表的所有字母开始，来找出名字的第一个字母。尤其是外国人名，第一个字母往往是能提供有利的线索。例如，"Antoine Bechart"这个人名中两个单词的第一个字母正好是字母表中最前面的那两个。

背景信息

拥有越多的关于某人及与其相识的背景信息，将越容易回想起他的名字。事实上，对背景的回忆将帮助你给这个人"定位"，如他所从事的职业等。无论是亲属还是公众人物的名字，如果在不同的元素之间建立联系，将更容易记忆，如将与一个人的对话内容和他的名字联系在一起。如果在阅读完一本书后，与其他人进行了讨论，这本书的作者就不会轻易被忘记。

将重要的东西归档

一旦你记牢了别人的名字和脸孔，你就需要对你在哪里遇到的他们或者是其他相关的事情进行编码。这样做可将人名与其他信息相结合。

例如，我在体育馆遇到许丽文，而她却想去外面享乐。这样，我就通过想象一个瘦小的球童正搀扶着一个看上去有100千克重的妇女来加深对这些信息的印象，她穿着一件运动服而且很快乐。也许，这并不是最好的形象，但它却可能是容易记住的形象。

对外语的记忆

从书写到学习外语

我们基本上是从学校学会如何书写的，这方面的知识被存储在语义记忆中，我们一般是自动地运用它们。尽管如此，有时我们还是会怀疑一个字的写法或用法而去求助字典或语法书。但我们并不总是随身携带这类参考书，并且一直会产生怀疑，甚至在反复验证之后，我们也会立即就忘记了。以下的建议，不能取代专门针对成人的培训，但是能够暂时减轻我们在书写时遇到的困难。

个人的精神记号

组合法是记忆语法和书写规则的有效方法。

口头组合

你是否注意到，我们在书写一个英语单词时停下来，通常是遇到同种类型的困难：是一个"r"还是两个？是一个"t"还是两个？已有的或者自己编造的一些小句子，将有助于你在需要的时候回忆起正确的构词形态。任何词汇都可以用这种方法来记忆。

把你要记忆的词分成音节，然后创造出另外的一个词或者一个短语，它们或是听起来像你要记忆的那个词，或是从视觉上可以使你想象出要记忆的那个词。

图像组合

联系图像记忆单词也是一个很好的方式。例如，为了记住法语单词

collier（项链）和 caillou（石子）书写中的两个"l"，可以想象一条由几个小石子串成的项链。选一些图片或是图像代表你想要记住的特殊的词和字母组合，把这些图像联系在一起形成一个情节，将有助于记忆。

如何更好地掌握一门外语

当我们在学习一门外语的时候，可能感到特别困难。不过，普通的学校和专业的培训机构，都发掘了许多好的学习方法。

短小的句子胜过孤立的单词

关于记忆的研究表明，一个短小的句子不比一个单词难学。例如，句子"我想吃东西"或"我想喝茶"是同一个句型，英语是 I would like（to eat 或 some tea），西班牙语是 Me gustaria（comer 或 un te）。

在一定的时间间隔后复习

记单词或者句子可能是一件非常枯燥的事。为了提高效率，可以每隔一段时间进行重复：把需要学习的内容分成多个部分，从第一部分开始记忆；第二天先复习前一天学过的内容，再学习新的内容，如此继续下去。如果几个人一起复习，可以借助场景对话来练习。实验表明，单纯地死记硬背不如在语境中学习有效。

如何实践

经常应用对学习外语很有帮助，因此，应该增加练习的机会，特别

借助心理成像法学习词汇

心理成像和其他记忆技巧一样，可以帮助学习外语词汇。这一方法在20世纪60年代很流行，后来的研究也都证实了其效力，它还可以用来记忆母语的拼写。这种方法如被很好地应用，能帮助我们在短时间内记忆大量的词汇或句子。然而，在长期记忆中，这种方法并不比其他方法更优越，所以后来被语言实验室取代了——它能保证更好的效果。

传统课本和阅读一直是运用最广泛（因为被证明最有效）的学习形式，扮演着补充其他方法的角色。

是现场对话。听原版外文歌曲、看带或不带字幕的外文电影和电视节目，对那些已经掌握了基本语言或者概念的人会是一个很好的练习机会。而对那些刚入门的人来说，这样的练习不但不适用，还可能造成灰心、失望的结果。

单词拼写

当我们要记住一个平常容易拼错的单词的时候，一般会依赖记忆法。比如为了不把 separate 这个单词的正确拼法同常见的错误拼法 seperate 混淆，我们可以想象一支巴拉（para）装甲兵团登陆到这个词中间，把这个单词分成 3 个部分：se para te。

记住单词拼写的窍门在于找到单词的含义与它的构成字母之间的联系，然后运用想象和联想使单词变得更容易记忆。举几个例子："cemetery"（公墓）这个单词里面有 3 个对称的字母 e，它们像墓碑一样伸出来；把手（hand）伸进口袋掏手帕（handkerchief）……

在你见到的每个单词之中，总会找到拼写和词义之间的某种联系。

近声词

数声转换记忆法是给每一个词找一个近声数字。举个例子，门（door）的发音与数字 4（four）的发音相似，那么 4 就可以作为"门"这个词的近声词，可以帮助你记与"门"有关的信息，反之亦然。

比如说要记住去一个国际机场的 4 号登机处搭乘飞机，就可以想象自己在去机场的时候拖着一扇门，用这个简单快捷的方法可以让你顺利地抵达正确的登机处。

那么你用数字 1、2、3 都代表了怎样的近声词呢？下面是 10 个数字的一些近声词，记住这些列出来的词或者你自己设计的词语。

0（zero）→ hero（英雄）

1（one）→ gun, bun or sun（枪、小面包或者太阳）

2（two）→ shoe, glue or sue（鞋子、胶水或者起诉）

3（three）→ tree, bee or key（树木、蜜蜂或者钥匙）

4（four）→ door, sore or boar（门、炎症或者野猪）

5（five）→ hive, chive or dive（蜂巢、细香葱或者跳水）

6（six）→ sticks, bricks（树枝或者砖）

7（seven）→ heaven or Kevin（天堂或者凯文）

8（eight）→ gate, bait or weight（门、鱼饵或者重量）

9（nine）→ wine, sign or pine（酒、符号或者松树）

代用语

学习英语单词，尤其是那些字母较多的单词，往往会令初学者头痛。如果用代用语来表示这些词或句子，又会是怎样的一种情况呢？下面列举出几个句子，让我们来看一看效果。

（1）Philadelphia（费城）：

fill a dell for ya（为了 ya 而堵塞小山谷）

（2）Mississippi（密西西比河）：

Mrs Sip（西普夫人）

（3）philosophy（哲学）：

Fill a sofa（沙发上放满了东西）

（4）salmagundi（大杂烩）：

Sell my gun D（把枪卖给 D）

仅单纯记忆以上提到的 4 件事，就要花费很多的时间和精力，如果不用这种方法而强记原来的单词，恐怕更是困难，不仅浪费时间，而且效率不高。如果以代用语的方法来记忆，则是十分容易的事。

对历史知识的记忆

记忆历史事件

通过发挥想象，为重要的人名、年代和事件找到相应的联系物后，牢记历史事件就会简单得难以置信。这种方法能使你对史实了如指掌，把它们按年代准确排序，随时为考试论文提供论据。

我们用俄国重要事件作为例子。整个事件可以被想象为发生在附近的一个村庄。这跟你住在哪儿没有关系，你总可以找到合适的场景来安置这些历史事件。例如，附近的加油站可以用来代替彼得格勒，工人从这里开始起义。冬宫可以用乡村小屋或旅馆代替；动作明星李连杰扮演沙皇尼古拉二世，你的偶像刘德华可以扮演列宁，当地的屠夫则可以代替约瑟夫·斯大林。

下页是俄国革命的重要事件的概要。

其中所有的这些史实都能通过想象轻易地在脑中重建出来。首先要记住日期，以上大多数事件发生在 1917 年，你只要记住伟大的俄国十月革命发生在这一年就可以了。然后运用记忆法记忆这一年份的其他事件。比如，在你开学后的第 2 个星期的某一天（3 月 10 日），附近的加油站突然起火（彼得格勒的工人开始起义），两天后（3 月 12 日），大火烧毁了旁边的旅馆（起义军占领冬宫），给入住的旅客带来了巨大的经济损失。四天后，你所喜欢的动作明星李连杰（沙皇尼古拉二世）举行了一场赈灾慈善活动，并在开幕式上在一个列车形状的建筑上题词（沙皇尼古拉二世在其乘坐的皇家列车上签署退位书）。

在记忆事件、人物、日期时，记忆术可以发挥很大的作用。比如对于上例中克伦斯基这个名字，大可以把它想象成一个巨大客轮（比如"泰坦尼克"号）上的司机。

俄国重要事件概要

时 间	事 件
1917 年 3 月 10 日	彼得格勒的工人开始起义。面粉、煤炭和木材短缺。严寒的天气加剧了形势的恶化。官僚无能。人民抗议旷日持久的对德战争
1917 年 3 月 12 日	起义军占领冬宫，1500 名皇家卫队投降
1917 年 3 月 16 日	沙皇尼古拉二世在其乘坐的皇家列车上签署退位书。临时政府成立，李沃夫任总理
1917 年 3 月 21 日	沙皇和皇后被捕
1917 年 4 月 16 日	列宁从流放地瑞士秘密回国。德国人相信他会给俄国带来混乱，因此对他礼遇有加，提供了专用列车
1917 年 4 月 17 日	列宁发表《四月提纲》，要求将政权移交给工人苏维埃
1917 年 7 月 16 日	布尔什维克在彼得格勒发动起义。50 万人上街游行
1917 年 7 月 22 日	临时政府镇压起义。列宁乔装成消防员，逃往芬兰。克伦斯基担任俄国临时政府总理
1917 年 8 月 13 日	克伦斯基通知英国国王乔治五世，俄国继续参加对德战争
1917 年 9 月 15 日	克伦斯基宣布俄国为共和国
1917 年 9 月 17 日	俄军在里加被德军击败。里加距彼得格勒仅 560 多千米
1917 年 9 月 30 日	克伦斯基将沙皇一家转移到西伯利亚
1917 年 10 月 20 日	列宁回到彼得格勒
1917 年 10 月 23 日	布尔什维克通过投票，决定发动武装起义，反对克伦斯基临时政府

掌握历史术语

在学习历史的过程中，经常会遇到一些复杂的专业词汇。如果你不理解这些词，不要直接忽视它们，花时间查查字典。找出这些词或短语的含义后，利用联想法把它们牢牢记在脑中。

以下是几个示例。

寡头政治　由一小撮人掌控政权的一种统治形式。联想"孤寡"来帮助你记忆这个词及其含义。

无政府主义　无政府主义者认为理想社会中不应该存在任何形式的政府组织。

极权主义者　这些人希望建立由单一权威控制一切事物的政府，不允许有任何反对的声音。

独裁政府　与专制主义类似，这也是由一个人独掌大权的政府。独裁者通过自己的权力来进行统治。

立法机关　制定法律的实体机构，拥有立法权。可以通过"法律"这个词来记忆。

司法机关　负责审判的实体机构，由法院体系组成。只要想一想法官，你就会马上记住这个词。

反动分子　试图使政治环境倒退回以前状态的人。可以想象一个一天到晚反对任何改变的人，比如你的外祖父。

重要的历史日期

记忆随机抽取的历史日期的确是有点麻烦。如果你把数字转换为人物和动作，并把这些人物和动作跟事件联系起来，那么要把一长串历史日期存入你的记忆库也不见得是太困难的事情——比如下面这个世界历史的重要事件列表。

1170 年　托马斯·贝克特被谋杀

1215 年　签署《大宪章》

1415 年　阿金库尔战役

1455 年　玫瑰战争爆发

1492 年　哥伦布发现北美洲

1642 年　英国内战爆发

1666 年　伦敦大火

1773 年　波士顿倾茶事件

1776 年　《独立宣言》（美国）

1789 年　攻占巴士底狱

1805 年　特拉法尔加战役

1914 年　第一次世界大战爆发

1939 年　第二次世界大战爆发

1949 年　北大西洋公约组织成立

1956 年　苏伊士危机

1963 年　约翰·肯尼迪被暗杀

1969 年　人类首次登月

1991 年　海湾战争爆发

通过下面几个例子你可以看到，把日期带进生活是一件很简单的事情。

1170 年，圣托马斯·贝克特在和亨利二世大吵一架后，被谋杀在坎特伯雷大教堂。为了记住这个年份和事件，你可以想象贝克特在 70 号祭坛祈祷时，舒马赫兄弟驾驶着两辆 F1 赛车撞死了他。头两位数字是两辆 F1 赛车（11）。

1455 年，玫瑰战争是约克派和兰开斯特派为争夺王位和统治权进行的斗争。你可以想象一幅奇异的合成图景：14 岁的约克镇小子泰森，嘴里叼着一支硕大的红玫瑰第一次冲进拳击场。55 场比赛以后，为了争夺拳坛的统治地位，他嘴里的红玫瑰变成了来自兰开斯特的卫冕拳王霍利菲尔德的耳朵。

1991 年的海湾战争，你完全可以想象 19 岁时，在一个叫作海湾的大酒店里参加祖父 91 岁的生日聚会。你们燃放了大量的烟花爆竹。

运用简单的联想，这样一来就可以像上演有趣的新编历史剧一样，给历史事件增添活力，历史也将不再是一门枯燥的课程。

对地理知识的记忆

记忆中的世界

地理是一门广泛调用大脑皮质能力的学科。这包含了绘画，阅读并理解地图、图片和表格时所需要的空间和分析思维。实地了解对这门学科的学习非常关键，因此记忆力扮演了重要角色。

在学习的过程中，你需要掌握水系分布、地震、火山、侵蚀、气候、气象系统、土壤等的知识，同时还要了解人文地理，包括人口、城镇规划、交通和经济发展。需要学习的数据如此繁多，那么花时间来建立一个能帮你快速有效地吸收知识的系统就变得十分必要了。只有这样，你才能专心把更多的时间放在理解和应用知识上。

你的研究可能会包含对一个国家的综合分析。要为一个国家建立卷宗，最好的方法就是为它准备一个你所熟悉的独立区域。例如，所有与德国有关的数据，可以以图像的形式置在你朋友的房子里，而与法国有关的则可以放在购物区。如果你去过那些国家，并对那里的某个地区比较熟悉，那么用它来作为分类的地点最合适不过了。

为每个国家设计好相应的"场地"后，你就可以把数据分类，为不同种类的信息数据选择一个独立的想象图，如用爆米花代表人口。假如你想记住其人口 5700 万，首先想象自己来到购物中心，看到你的父亲（他出生在 1957 年）在即兴演出的地方派发爆米花。

另外，你还可以在心中画一幅联想记忆图。比如，你虽然不熟悉俄国和希腊的地形，但容易记忆意大利的地形。意大利的地形好像一只长靴，这一点很重要，既然知道了长靴的形状，只要将长靴和意大利联想起来，就永远都忘不了了。

针对性记忆

记住首都

记忆术是一种很好的记忆方法，它可以使人们摆脱死记硬背的乏味工作，因为它在不同的信息之间建立起种种联系，使它们能够在以后很容易被回忆起来。记忆术用生动具体、具有象征意义、有关联的想象来巩固记忆的内容，它们似乎可以使记忆的信息超越短时记忆直接进入长期记忆。

你也许会需要记忆各国首都名，以便比较各国都市和村镇条件。要想确保不会忘记首都名字，技巧就在于用夸张而好记的图像来为首都及其国家建立一种联系。比如，要记住澳大利亚的首都是堪培拉（Canberra），只要看一下这个国家的形状就可以了，因为澳大利亚的形状看起来就像一个照相机（camera），这一点就可以帮助我们记住它的首都（camera 与 Canberra 发音相似）。

例如，基辅是乌克兰的首都。我们从基辅联想到鸡的胸脯肉，并把乌克兰想象成高大的起重机。那么我们联想的图像就是一大块鸡胸脯肉被起重机吊在半空中摇摇晃晃。

以下是其他几个国家和首都的联想记忆法，你可以运用同样的方法记住世界各国的首都，记得想象时一定要夸张而充满色彩——这样有利于记忆。

瑞士的首都是伯尔尼。想象瑞士人每天要将裤脚高高卷起来，露出膝盖，站在山顶上唱伯尔尼歌。

新西兰的首都是惠灵顿，你应该用国家作为图像本身的背景。不过，如果你对这个国家没有什么视觉上的认知，可以试着使用地图的形状。比如新西兰的形状就好像一只倒过来的惠灵顿马靴。

美国的首都是华盛顿，记住美国的第一届总统的名字就可以了。

记忆数据表

要记忆最大的海域或沙漠、最长的河流、最高的山脉这类一串并排的信息，可以用游历法或者联系法。

（1）太平洋

（2）大西洋

（3）印度洋

（4）北冰洋

（5）阿拉伯海

（6）加勒比海

（7）地中海

（8）白令海

（9）孟加拉湾

要记住这些顺序，可以先建立一条海滨小路，并把它分成9段。接下来，把上面名字缩短，并联想成图像。超级市场代表太平洋，一个神坛代表大西洋，一个印度风情的小店代表着印度洋，冰激凌店则会让人想到北冰洋……最后，把这些图片按顺序安放到海滨小路的沿途。

有关这些信息的统计数据，如海拔、跨幅和深度等，都可以通过在相应位置上增加新图像来完成。地理中所需要学习的知识和你大脑里所能提供的场地相比起来，只能说是微不足道。

记住数字和数学定义

数字记忆

数字记忆的困难

不管你学的是什么科目，到一定时候总会需要记忆某种形式的数字。要是我们不需要去操心那些数据、公式、方程、金额和经济统计数，那学习生涯不知道会有多美妙。好像有人故意将这些数字时不时地摆到我们面前，企图拖我们后腿，妨碍我们学习。可是没有了它们，我们的生活又会是一团糟。数字无处不在，信用卡、电话号码、作息时间表、考试成绩……所有的东西都被量化估算，也正因如此，对数字的记忆能力必不可少。

记数的困难之处在于，单独的数字所包含的意义非常有限。像 13，10，79，82 这样一串数列完全不适合记忆。如果有人告诉你它们代表你未来 4 年所能继承的财产，整个数列马上就会变得有声有色。

数形结合法

如果你喜欢通过图像而不是词语来思考，那么你会发现下面这个方法更适合你。数形结合法与数字韵法类似，区别在于数形结合法为数字创建的关键联系物是数字的形状。例如，数字 7 会让你想到什么？悬崖的边缘还是回旋标？再比如，数字 4 可以是小帆船，2 则是天鹅。现在试着为 1 到 10 创建一个新的列表，如果你想不出来，也可以从下面选择。

1. 蜡烛，长竿

2. 天鹅，蛇

3. 手铐，嘴唇

4. 帆船，旗帜

5. 挂钩，海马

6. 象鼻，锤子

7. 回旋标，跳水板

8. 女模特

9. 气球，单片眼镜

10. 棍子和绳圈

不管信息多么隐晦或者琐碎，用这种方法你都可以非常有效地对其进行大量记忆。

数学定义及其他

数学定义

像其他学科一样，数学也有其特定的术语。要用简单方法来帮助自己记住它们其实也很轻松。以下是几个例子。

等边三角形　所有边和角都相等的三角形。

等腰三角形　两边和两内角相等。等腰，就是一边例外。

锐角　小于 90° 的角。你可以想象一只可爱的小猫。

钝角　在 90° ~ 180° 之间的角。想象它比直角还要大。

商　数字的商是相除的结果。想象家人商量瓜分遗产后给你留下的部分。

有理数和无理数　有理数是能用小数或比值来表达的数字，比如 1/2、3/4、0.8、17/2。而无理数则不能用这两者表示。例如，π =3.1415926…… π（圆周率）已经被精确到小数点后几百万位，至今还未发现能够精确描述它的方法。

心算

现在的数学教学已经大大改进，强调的是问题的解决能力、实际的调查能力，以及运算的方法。尽管如此，学生仍然不可避免地需要学会不借助计算器进行加、减、乘、除。其实，只要你掌握了心算技巧，运算也会变得很容易。我们看一个乘法的例子。

633 × 11= ？

第 1 步，将 633 的最后一位数字抄下来作为答案的右端数字：3

第 2 步，将 633 中接下来的每一位数字都加上它右边相邻的数字，3 加 3 等于 6，6 加 3 等于 9。按顺序写在答案右端数字的左边：963

第 3 步，633 中的第 1 位数字 6 作为答案的左端数字：6963

最后结果：6963

另外，也可以运用如下的方法进行心算。

（1）写下被乘数。　　　　　　　　　　　　　　　　633

（2）在被乘数下方左移一位再次写下被乘数。　　　　633

（3）相加求和。　　　　　　　　　　　　　　　　6963

只要花一点时间练习，就能够在头脑里映射出每一种运算的心算方法，这样可以更快捷地进行数字的其他运算。

对化学术语和化学元素的记忆

如何记忆化学术语

在研究像化学这样的学科时，你在考试前必定得花大量时间复习，才能正确地记住课堂上讲的术语。而麻烦之处就在于你遇到的这些术语本身并不适合记忆。

只要加入一点创造性思维，你很快就能学会化学术语。方法其实很简单，只要你在脑中为接触到的每个术语创造方便记忆的图像就行了。

你可以分出一小部分复习时间（不会太久的），为考试中将要遇到的关键术语制作一张助记表。

几个例子可以使你快速进入状态。

元素　元素仅包含单一的原子。它们不能通过化学手段分解为更简单的物质。想想福尔摩斯的著名台词："这是最基本的，我亲爱的华生。"也就是说，没有比这更单纯的了。

化合物　化合物是含有多种原子的物质，它们通过化学方法组合起来。化合物可以通过化学手段分解为更简单的物质。你可以想象由多种动物组成的动物园。

酸　酸能把蓝色石蕊试纸变红：你可以把它想象成警察，让这些"蓝制服小子"因为愤怒而满脸发红；酸味道发酸：想象一下醋（乙酸）的味道。酸与金属反应可生成盐：在脑中勾画这样一个场景，重金属乐队在"酸屋派对"中化为一堆盐雕。酸可中和碱：低音吉他声音的中和效果。

合金　合金是两种或两种以上的不同金属通过熔解混合后凝固而组成的。例如，黄铜，由铜和锌所组成。可以想象盟军会合并开始构建坚

174

固的防线。

潮解　潮解是物质从空气中吸收水分并溶解为溶液的过程。作为提醒，你可以想象你走进冷饮店，看到一个柠檬雪糕因放在空气中太久而化为水。

风化　风化是晶体在空气中化为细粉，或盐在物体表面结晶的过程。可以想象一条污水渠中漂浮着溶化后的去污晶体，水渠逐渐干燥后晶体碎为细粉。

放热反应　放热反应是能以热能形式释放能量的反应。想象能量或者热量溢出。

吸热反应　一种吸收热量来获得能量的反应。想象热能的进入。

同素异形体　同素异形体是单种元素所能形成的多种形态中的一种。比如碳，有多种完全不同的同素异形体形式，包括石墨和钻石等。可以想象用一条绳子摆出各种形状。

这些例子很好地说明了在遇到无明显联系的词组或短语时，如何创建一个独特的联想。

元素及其符号

了解元素符号，对于学习化学是非常重要的。原子量和元素所属族是理解整个化学学科的基础。我们一般是通过一段时间的反复背诵和熟悉来记住元素符号及其所代表的元素，找出化学符号与其含义之间的关系是学习化学符号最简便的方法。

举例来说，要记住 Sn 是锡的元素符号，可以想象漫画英雄丁丁和他最忠诚的狗雪白（snow）。要把铅及其元素符号 Pb 联系起来，你可以试着想想一支铅笔可以两头同时使用（p 翻转过来为 b）。

钨的元素符号是 W，这来源于一种含钨矿石：钨铁矿。因此你可以想象一群在地下挖煤的矿工，想到"挖"的动作，就会想到"W"。

金及其元素符号 Au 又该怎么联系起来呢？试试看这个怎么样。每当看见金子，人们总是喜欢发出"啊哟（A–U）"的声音。

如果你在记忆元素符号时遇到困难，用这种方法就可以轻松解决。

记住名言、名诗和理论

在语文和政治学科中，经常会涉及大量的名言名句和著名的理论。比如奥斯卡·王尔德或者马克·吐温这样的作家，爱因斯坦或者爱默生这样的科学家或思想家的名言，李白、杜甫的名诗，马克思、亚当·斯密的政治经济学理论等。而这些往往容易令人忘记。假如你记得不太清楚，或者说记到一半就忘记了，或者忘记这些名言、理论的出处，那么你所记住的那一部分就显得毫无意义。

记住以上相关内容的一个最好的办法就是把它们同一幅生动的画联系起来。值得注意的两点是：首先得能够逐字逐句地回忆起名言、理论；其次要记住这句话最初是谁写的或者谁说的。

另外，可以通过使用记忆路线来建立一个保留节目库。因为这里要对付的是书面文字，所以书店或者图书馆就成为记忆路线的极佳地点。如果可以的话，设计一个把名言的作者和内容融合起来的画面，然后把它储存在记忆路线中合适的站点，作为名言保留节目的一部分。也可以记住其他方面的信息，以此帮助你记住名言中特定的表达方式。

你还可以使用要点和关键词。像演员背台词似的一字一句地记住演讲的内容，是一个非常困难的任务。问题在于一旦开始逐字逐句地回忆这些文字，却不知什么原因（比如紧张）忘记了下一个句子，你会发现自己完全不知所措。因此，记住文字内容，最好根据要点，也就是根据想要说的，而不能根据当初打算说的。基本的方法是首先要快速阅读全部内容，然后把这些句子同那些储存关键词语和要点的画面联系起来。于是，每当想起这些画面的时候，其他相关的一切也会脱口而出。

现在举一个例子看看我们应该怎么做。试着记住温斯顿·丘吉尔的一句名言："悲观者在每个机会处看到困难；乐观者在每个困难处看到机会。"

第一步是要找到一幅可以概括这句名言本质的关键画，对于这句名言来说最经典的一幅画就是一个半满的玻璃杯：乐观的人会把它说成是半满的，而悲观的人会把它说成是半空的。所以可以这样来想象：矮胖的丘吉尔正抽着一支雪茄，握着一个半满的玻璃杯（也许还是来自苏格兰的），脸上带有乐观的表情。两种对立的态度就像镜子呈现出来的正反相对的两种形态（在每个机会处看到困难、在每个困难处看到机会），可以想象丘吉尔的图像被反射到像镜子一样的杯子表面，而后呈现出两种完全相对的形态——悲观者在每个机会处看到困难；乐观者在每个困难处看到机会。

图书在版编目（CIP）数据

高效记忆：让记忆和学习变得轻而易举的秘诀 / 小
枝著 . — 北京：中国华侨出版社，2019.9（2024.1 重印）
ISBN 978-7-5113-7900-9

Ⅰ . ①高… Ⅱ . ①小… Ⅲ . ①记忆术 Ⅳ .
① B842.3

中国版本图书馆 CIP 数据核字（2019）第 116510 号

高效记忆：让记忆和学习变得轻而易举的秘诀

著　　者：小　枝

责任编辑：唐崇杰

封面设计：冬　凡

美术编辑：盛小云

经　　销：新华书店

开　　本：880mm×1230mm　　1/32　　印张：6　　字数：157 千字

印　　刷：三河市燕春印务有限公司

版　　次：2019 年 9 月第 1 版

印　　次：2024 年 1 月第 10 次印刷

书　　号：SBN 978-7-5113-7900-9

定　　价：36.00 元

中国华侨出版社　北京市朝阳区西坝河东里 77 号楼底商 5 号　邮编：100028

发 行 部：（010）88893001　　　传　　真：（010）62707370

如果发现印装质量问题，影响阅读，请与印刷厂联系调换。